철학적으로 도시 읽기

철학적으로 도시 읽기

공간과 장소
건물 내부와 도시 내부
건축과 도시
Remarks on the Human Dwelling
and the Life-World

김명식

a Gianni Ottolini

철학책 몇 권을 읽었다고 철학을 이야기할 수 있는 것은 아닙니다. 도시에 관한 몇 권의 책을 읽었다고 도시에 대해 이야기할 수 있는 것 역시 아닙니다. 우리 본성이 지적 사유를 할 수 있는 능력을 갖추고 있기 때문에 철학을 이야기할 수 있고, 우리가 도시 내부에 거주하기 때문에 도시를 이야기할 수 있는 것입니다.

차례

들어가기

한 세계의 열림은 다른 한 세계에서 오지만 그 다른 한 세계가 닫히는 것은 아닌 것 같습니다. 내부(안)와 외부(밖)의 관계를 대립으로 설명했던 벤투리(Robert Venturi, *Complexity and Contradiction in Architecture,* 1966)가 그래서 틀린 것 같습니다. 재미있는 것은, 이듬해 데 까를리(Carlo De Carli, "Contro la realtàfinta." *Interni*, n.1 (January 1967):2-5)가 내부는 그 본질이 열림에 있기 때문에, 외부는 내부의 대립이 아닌 연속의 개념으로 이해해야 한다고 설명을 했는데 틀리지 않은 것 같습니다.

우리는 언제나 밖이라는 안의 다른 한 연속의 세계로 가는 문지방을 지납니다. 지나 들어선 이곳은 또 다른 안, 내부의 공간입니다. 도시의 내부는 신발을 벗고, 외투도 벗고, 그리고 양말까지 벗고 들어가는 건물의 내부와는 다른, 또 다른 내부지만 우리의 삶을 이어가는 공간이고 장소입니다. 삶의 세계인 것이지요.

건물 내부의 방에서부터 도시 내부의 방들에 이르기까지 공간들은 항상 연결되어 연속되고 있습니다. 이 연속된 공간들은 우리가 우리 삶의 궤적을 완성하는데 부단히 창조하고 변화시켜왔던 장소들입니다. 이 장소들은 공기라는 체적의 은총을 부여받아 인간이 거주할 수 있는 구체적인 삶의 세계, 즉 내부의 세계를 이룹니다.

우리는 거주에 필요한 에너지와 물질로 가득 찬 공기라는 체적, 즉 대기 속 어느 곳(장소)에 존재합니다. 그곳이 두 평 남짓한 포근한 침실이든, 활기찬 거실이든, 공동체를 위한 거리 혹은 광장이든 관계없이, 우리는 항상 이 체적 내부 그러한 장소들에 거하고 있습니다.

깨달음은 위에서부터 오는 것이 아니고 예기치 않게 오는 것도 아닐 줄 압니다. 느낌과 감정은 감각의 문들을 열어서 들어오고, 앎은 지성의 통로를 거쳐 내부 깊숙이 들어옵니다. 느낌과 감정 그리고 앎은 경험을 통한 것이지요. 경험이야말로 깨달음에 이르는 경계, 즉 문지방인 것 같습니다. 본문 어딘가에서 설명하겠지만, 이 경계는 어떤 것들을 차단하는 것이 아니라 그것들을 연결하는 자신의 존재를 드러내는 것입니다. 그렇기 때문에 이것은 경험과 깨달음 사이의 매개자, 즉 에이전트(agent)인 것 같습니다.

생각이 여기에 이를 때쯤, 감각의 문들을 통해 들어올지 모르는 대기라는 체적과 지성의 통로를 지나 몸 안 깊숙이 들어올지도 모를 그것의 내부를 경험하기 위해서 연구실 밖을 나섰습니다. 그러다 햇볕이 좋아 해 질 녘까지 머물기로 하였는데요, "나가는 것이 진정 들어가는 것임을 깨달았다"(John Muir, 1938)라고 말했던 무어의 말이 정말 마음에 와 닿았습니다. 기분 좋은 마음으로 폐가 부르도록 양껏 에너지와 물질로 가득 찬 체적 그 안 공기를 들이마셨습니다. 왜냐하면, 나가는 것이 마침내 들어가는 것임을 경험했기 때문입니다.

김명식
Milano
2014년 3월 28일

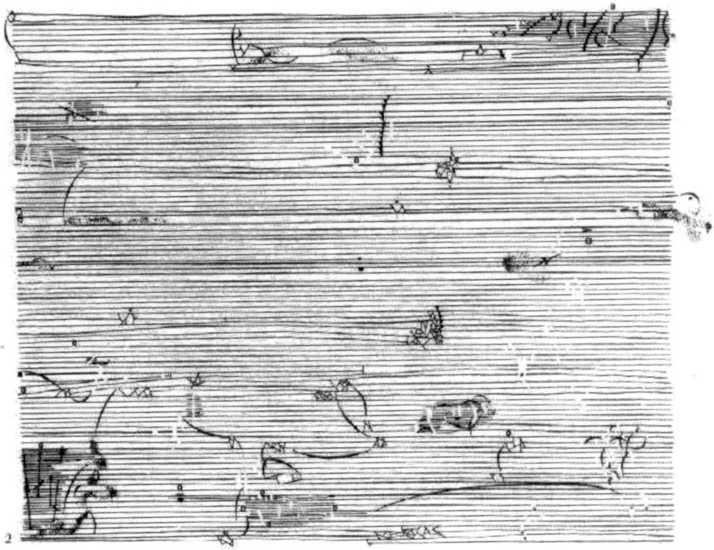

Sylvano Bussotti's *Pieces de chair II*, 1960.

1

도시(City)

도시의 의미

도시는 주로 인구수의 기준으로 규정되는데 나라마다 그 기준이 조금씩 다릅니다. 예컨대, 프랑스는 2,000명 이상이 거주하는 곳을 도시라고 부르지만, 한국에서는 150,000명 이상 거주하는 지역을 도시라고 합니다. 이처럼 단순히 인구수로만 그 기준을 정하기도 하지만, 영국에서는(300,000명을 기준으로 도시를 규정) 대성당(cathedral)을 기준으로 도시를 구분하기도 합니다. 대성당이 있는 곳을 도시라고 하는 것이지요.

도시는 높은 인구 밀도에 의해 생산과 소비가 대단히 활발히 일어나는 곳으로 이해할 수 있습니다. 도시는 인구와 더불어 장소의 집중으로 이루어진 인간 삶의 무대입니다. 집중된 장소 위에 밀도 높은 인구는 생산과 소비를 활발히 일으키며 도시를 활성화된 공동체의 장소 그리고 공간으로 만듭니다.

한국에서 사용하는 도시(都市)는 장사나 거래가 일어나는 마을 혹은 동네에서 그 유래를 찾을 수 있습니다. 이것은 사전에서 정의하고 있는 장소의 의미와 유사한 점을 가집니다. '무엇이 있거나 어떤 일이 이루어지거나 일어나는 곳'으로 정의되는 장소의 뜻이 도시의 기본적인 특성을 내포하고 있기 때문입니다.

영어권에서 사용하는 city는 라틴어 끼비타스(*civitas*)에서 유래되었는데, *civitas*의 뜻은 윌리엄 스미스(William Smith)의 사전(*A Dictionary of Greek and Roman Antiquities,* 1875)에 의하면 정치 기구 혹은 구성원을 의미합니다. City를 말하는 이탈리아어인 *città*(치따) 역시 라틴어 *civitas*에서 유래했습니다. 현대 로마 작가에 의해 시민권자가 아닌 사람과 구별하여 시민권을 가지고 있는 상태의 시민을 가리킬 때 *civitas*가 사용되기도 합니다.

도시에 관한 유래들을 제인 제이콥스(Jane Jacobs)[1]가 설명하고 있는 초기 원시 도시와 연관 지어 생각해 보면 대단히 흥미로워집니다. 우선, 폴 베이록(Paul Bairoch, 1930-1999)은 *Cities and Economic Development: From the Dawn History to the Present*(1988)라는 그의 책에서 실제 도시가 형성될 수 있었던 것은 농업 활동이 선행되었기 때문이라고 주장합니다. 신석기 시대 농업 활동이 인구를 정착하게 하고 밀집할 수 있게 만들어 결국 도시 발전을 가져왔다는 것이지요. 이것은 비어 고든 차일드(Vere Gordon Childe,

---

1) Jane Jacobs(1916-2006)는 기자이며 도시학에 영향을 준 작가로 잘 알려져 있습니다. *The Death and Life of Great American Cities*(1961), *The Economy of Cities*(1969), 그리고 *Cities and the Wealth of Nations*(1984) 등의 대표작이 있습니다.

1892-1957)의 주장을 보충하는 것인데요, 차일드에 따르면 도시와 같은 규모의 정착은 거래를 위한 여분의 자원이 충분히 있어야 가능하다는 것입니다. 다시 말해, 농경 사회의 형성은 수렵인이 더 이상 유랑 생활을 하지 않고 정착하여 농업 활동을 통해 수확된 잉여물을 거래하는 것에서 비롯되었고, 이것이 초기 원시 도시로 발전할 수 있었던 계기라는 것입니다.

그런데 제이콥스는 초기 도시를 신석기 시대 농경 사회에서 정착과 더불어 잉여 식량 생산을 통한 거래에 의해 형성된 것으로 보지 않습니다. 도시의 형성에 대한 위의 주장과 다른 견해를 밝히고 있는데요, 그녀에 의하면 초기 원시 도시의 형성은 농경 사회의 탄생이 있기 전에 시작되었고 이후 농경 사회가 등장했다고 주장합니다. 비록 제이콥스의 이론을 지지할 만한 다른 학자들의 이론적 근거들이 없어 보이지만 거기에는 충분한 논리적인 근거가 있습니다.

그녀의 주장은 신석기 시대에 앞서 석기 시대 수렵인들의 생활방식 특히, 식량을 얻는 방식들을 신중하게 고려하면서부터 시작됩니다. 석기 시대 수렵인들은 흑요석과 같은 돌을 사용함으로써 식량을 확보하였습니다. 흑요석과 같은 단단하면서 날카로운 도구는 사냥하기에 적합한 화살촉이나 도끼와 같은 예리한 도구들로 사용되었습니다. 초기 원시 도시는 이 돌을 거래함으로써 시작되었고, 그래서 흑요석과 같은 가치 있는 천연자원이 초기 경제 활동을 이끌어냈다는 것이 제이콥스의 생각입니다.(Jacobs 1969, 3-48면)

요컨대, 흑요석이 분포하지 않는 지역의 사냥꾼은 사냥에 필수적인 이것을 얻기 위해 먼 거리의 지역임에도 불구하고 이동하여 거래를 하였습니다. 이 거래는 물물교환으로 이루어졌고, 점차 더 많은 사냥꾼으로 하여금 점점 더 많은 물물교환이 일어나게 하였습니다. 이렇게 발생하는 거래를 바탕으로 초기 원시 도시가 형성되었다는 것이지요.

제이콥스가 추측하고 가정하는 것은 다음과 같습니다. 흑요석과 교환되는 물품 중에서는 분명 여러 종류의 씨앗들이 있었습니다. 이 씨앗들은 다양한 방법으로 때로는 우연히 뿌려져 길러졌고, 들에서 자랐던 것보다 수확량이 많다는 것을 알아차린, 즉 장소에 따른 수확량의 변화를 알아차린 수렵인은 곡물 생산을 위해 더욱 적합한 장소를 찾았습니다. 이곳에서 씨들은 뿌려지고 재배되었으며 이런 과정에서 석기인은 정착하게 되고 신석기의 농경사회가 발전할 수 있었습니다. 제이콥스의 이런 시각은 약간의 우연성과 논리를 동시에 가지고 있는데요, 전혀 동의할 수 없는 것은 아닙니다.

이 가정은 흑요석의 거래로부터 초기 원시 도시가 시작되었고, 거래에 사용되었던 씨앗들이 의도된 지역에서 재배되기 시작하면서부터 점차로 농경 사회로 발전할 수 있었으며, 이를 통해 수확된 잉여물은 더 많은 거래를 유발하였을 것이고, 더욱 더 활발한 거래로 이어져 도시가 형성될 수 있었다는 일련의 흐름을 보여줍니다. 중요한 것은 석기 시대 농경 사회가 초기 원시 도시로 발전하게 되는 계기가 아니라, 이미 석기 시대 물물교환과 같은 거래에 의해 초기 원시 도시가 형성되기 시작했었다는 점이지요. 그래서 초기 원시 도시의 배경은 사냥에 필수적인 주요 천연자원을 거래함으로써 시작되었고, 이것이 농경 사회의 발전과 도시로 이어진 배경이라고 볼 수 있을 것입니다.

초기 원시 도시의 기원을 어떻게 보든, 거래와 거래가 이루어지는 지역(장소) 그리고 수렵인의 정착(인구 집중)을 주요 특징으로 볼 수 있습니다. 마찬가지로 농경 사회의 기원 역시 농작물의 재배지역(장소)과 수렵인의 정착(인구 집중) 그리고 잉여물의 거래가 주요 특징입니다. 두 개의 경우 모두, 都市의 뜻과 유사한 점을 발견할 수 있습니다.

두 가지 시각 중 어느 것이 옳든 상관없이 도시 형성에 필요한 요소는 수렵인의 정착과 지역 그리고 거래입니다. 이 세 가지가 도시 형성의 기본 요소라는 것을 알 수 있습니다. 요컨대, 도시는 사람이 모이고, 장소가 만들어지며, 거래가 발생하는 곳입니다.

도시 공동체를 지속시키기 위해 마련된 정치기구 혹은 도시 구성원의 의미를 가진 *civitas*로부터 유래한 city나 città를 都市와 비교해서 살펴보면, 도시의 또 다른 함의를 발견할 수 있습니다. 그것은 안전한 도시 사회를 유지하기 위한 제도입니다. 언급하였듯이 밀집된 인구와 장소 그리고 거래의 유발이 도시 형성의 기본 요소인 것과 더불어 제도는 도시 발전의 배경이 됩니다. 도시의 삶은 인구, 지역, 거래 그리고 제도라는 이 네 가지 요소들 위에서 지속적으로 발생하는 것이지요.

도시의 구성요소

도시의 공간/장소는 크게 두 개의 종류, 공공의 공간/장소와 개인의 공간/장소로 나눌 수 있습니다. 도시는 인간의 사회성이 표출되는 전자와 이와 대응하여 개인의 사생활이 보장되는 후자로 이루어져 있습니다.

전자는 골목, 거리, 버스 정류장, 공원, 광장 그리고 둔치와 같은 공공의 공간입니다. 이런 성격의 공간은 사회적인 행위가 표출되는 곳일 뿐만 아니라, 개인 및 공동의 기억들이 담기는 도시의 장소입니다. 도시의 역사가 고스란히 담기는 곳이지요.

후자는 집이나 정원과 같은 공공의 그것과 반대인 사적인 공간을 의미합니다. 지극히 개인적인 공간인 이곳은 공공의 성격과는 대립적이고 대조적으로 보이지만, 전자와의 관계가 단절되어 나타나지 않습니다. 삶의 궤적을 고려하였을 때 이 공간은 항상 전자와 연결되어 있습니다.

이 둘의 성격을 가르는 것은 벽입니다.[2] 성곽이 사라진 현재의 도시에서 개인의 공간/장소와 공공의 공간/장소를 나누는 것은 건물의 벽인데, 도시의 벽이라고 할 만합니다. 도시의 벽은 건물 내부의 벽과 크게 다르지 않습니다. 그것이 하는 역할과 기능은 건물 내부의 벽이 공간을 정의하는 것과 동일합니다.

우리는 도시에서 즉각적으로 일련의 연결된 벽을 인지합니다. 벽의 역할과 기능에 대해서는 도시 계획에서 다소 관심을 받지 못하거나 적극적으로 고려되지 못하는 점이 있으나, 건축 계획에서 건물 내부의 벽을 가장 중요하게 다루어야 할 요소로 생각하는 것처럼, 도시 계획에서 가장 중요한 요소 중 하나로 여겨야 합니다. 예컨대, 밀라노 대성당 앞 광장은 대성당의 벽(정면/façade)과 광장을 둘러싼 주변 건물의 벽에 의해 정의됩니다. 그래서 이 광장의 성격은 광장 바닥의 문양과 가로등 그리고 조각상들뿐만 아니라, 광장의 공간을 에워싸고 있는 주변 건물의 벽에 의해 결정됩니다. 도시에 존재하는 모든 공간은 벽에 의해 정의되고 그 성격이 결정된다고 해도 과언은 아닐 것입니다.[3]

공적인 공간이든 사적인 공간이든 도시는 바닥을 가지고 있습니다. 도시의 벽 못지않게 바닥 또한 반드시 필요한 핵심적인 거주

---

2) 일곱 번째 장 '거주로서 내부'에서 설명하겠지만, 이 벽은 전자와 후자를 가르는 것이 아니라 정확히 둘의 다른 성격(건물의 내부성과 도시의 내부성)의 시작을 알립니다. 둘의 공간성을 연결하는 것이지요. 이 수직으로 서 있는 벽은 시각을 통해 들어오는 가장 강력한 상이기 때문에 건축과 도시와 관련하여 이 주제를 다룰 때 많은 주의가 필요합니다.

의 요소입니다. 이것이 없는 삶의 공간 즉 거주의 공간은 상상할 수 없지요. 바닥은 공간을 구성하는 가장 기본적인 요소라고 강조하지 않더라도, 도시를 이루는 최초의 그리고 가장 필수적인 요소입니다. 바닥을 계획하는 것은 벽 못지않게 중요한 일입니다. 바닥의 연장이라고 할 수 있는 천장 역시 그렇습니다. 우리의 행위와 심리에 큰 영향을 미칩니다.

프란체스코 보로미니(Francesco Borromini), 산 까를로 알레 꽈뜨로 폰따네(San Carlo alle Quattro Fontane) 교회당의 천장, 로마, 1641(왼쪽) 그리고 아띨로 아리고니(Attilio Arrigoni), 로톤다 델라 베사나(Rotonda della Besana) 안 산 미켈레 아이 세뽈크리(San Michele ai Sepolcri) 교회당의 천장, 밀라노, 1696(오른쪽).

---

3) 벽과 관련된 계획은 벽화사업을 연상시키는 면이 있는 것 같습니다. 그러나 시각적인 유희만을 위한 단순한 벽화사업에서 좀 더 깊이 있는 의미의 작업들이 이루어져야 합니다. 때때로 벽화는 무언가 오래되고 낡고 보기 싫은 것들을 감추려고 하는 느낌을 줄 때가 있습니다. 오히려 도시민의 직접적인 행위에 영향을 줄 수 있는 도시의 벽/façade으로서 시각적인 유희뿐만 아니라 거리 혹은 광장의 성격을 정의할 수 있는 기능을 부여해야 할 것입니다.

한국에서 바닥과 천장은 벽과 함께 다소 소홀히 다루어지고 있는 것이 사실입니다. 바닥은 건물 내부의 사적인 공간이든 도시 내부의 공적인 공간이든 관계없이, 시각을 통해 즉각적으로 들어오는 벽과 함께 시각적, 촉각적, 그리고 청각적으로 감지할 수 있는 특성을 가지고 있습니다. 그래서 그 어느 것보다 면밀히 관심을 기울여 계획해야 하는 요소이지요. 근래에 바닥을 통해 다양한 경험을 제공할 수 있는 거리, 공원, 그리고 광장 계획이 활발히 진행되고 있습니다. 바닥 계획은 보행자의 움직임이나 행위 그리고 심리에 직접 영향을 줄 수 있고 즉각적인 반응을 일으킬 수 있습니다. 보행도로의 바닥을 집행되어야 하는 예산 때문에 치밀한 계획 없이 빈번히 바꾼다면, 거주의 질을 향상하는데 일조할 수 있는 가장 효과적이고 빠른 방법을 놓치게 될 것입니다.

마지막으로 도시의 구성 요소로서 간과할 수 없는 거주의 요소(dwelling elements)가 있습니다. 건물 내부의 공간에 최적의 기능과 특질을 부여하는 가구, 조명, 식물,[4] 그리고 이것들의 존재를 보이지 않는 곳에서 지원해주는 설치물들이 있는데, 도시 내부의 공간 역시 마찬가지입니다. 거리의 버스 정류장과 광장의 벤치 그

---

4) 베란다 가까이 혹은 테라스 한쪽의 예쁜 꽃들과 식물들은 기분 좋은 향기와 함께 신선한 생명력으로 때때로 축하고 널브러져 있는 것 같기만 한 가구와 공간을 생기 있게 만듭니다. 이러한 식물의 역할은 유성영화의 소리와 같은 존재일 것입니다. 무성영화에서 소리의 존재가 얼마나 중요한지 알 수 있는 것처럼 말이지요. 한편, 도시 속 꽃과 나무들 예컨대, 가로수는 건물 내부의 가구나 예술품과 그 의미가 크게 다르지 않습니다. 그것은 골동품이 주는 공간의 시간적 무게감과 조각품이 만들어내는 독특한 분위기의 효과와 대등하며, 도시의 그늘과 정원을 제공하여 도시민을 기분 좋게 만듭니다. 식물은 건물 내부의 사적인 공간뿐만 아니라 거주의 요소들 중 하나로서 도시 내부의 공적인 공간을 위해서 중요한 역할을 합니다.

리고 공원 속 운동 기구 등과 같은 도시의 가구, 가로등 그리고 광장 혹은 공원의 등과 같은 도시의 조명, 도시의 오염된 공기를 정화하는데 일조하는 조형성이 강조된 가로수와 도시를 장식하는 거리나 광장의 분재 그리고 꽃과 같은 도시의 식물, 이상은 모두 도시 공간을 꾸미고 채색하는 "도시의 세간"("urban furnishings")입니다. 공공의 공간에 존재하는 거주를 위한 그리고 거주에 필요한 요소들이지요. 상하수도나 가스 배관과 같이 보이지 않는 것들을 제외하면, 전신주, 신호등, 육교 등을 포함하여 거주의 요소들은 도시 거주를 위한 세간살이입니다. 집의 세간살이와 크게 다르지 않습니다.

이 모든 것들을 인지했다면 우리는 개인의 공간과 공공의 공간이 만나 이루어지는 하나의 삶의 세계, 즉 공동체의 세계, 공동체가 살아가는 삶의 무대 그리고 삶을 위한 장치인 도시를 이해하는데 한 발 다가갈 수 있습니다.

도시와 내부

방은 다른 방들과 함께 집을 이루고, 집은 다른 집들과 함께 마을을 이루기도 하고 도시를 이루기도 합니다. 마을 혹은 도시는 다른 마을들 혹은 도시들과 함께 한 나라를 이룹니다. 나라들은 대륙들과 함께 지구를 이루지요. 그러므로 우리는 최소의 장소 방 안에서 그리고 최대의 장소 지구 대기 안에서 거주하고 있습니다.

"우리는 언제나 한 공간 내부에 존재합니다."(Gianni Ottolini 2012, 15면) 이 말은 의미 있어 보입니다. 오똘리니는 대기 속 내부를 가정하고 있지는 않지만, 공간의 연속성 선상에서 건물 내부의 공간성과 도시/영토 내부의 공간성을 통합할 수 있는 가능성을 제시하고 있습니다. 왜냐하면, 우리는 언제나 방의 공간 혹은 도시/영토의 공간 안에 존재하기 때문입니다. 이 내부에서 저 내부로 이동하는 것은 이질적인 내부의 성격을 경험하는 것이지만, 이동은 둘을 잇는 경로로써 연속적인 내부 공간을 경험하는 것입니다. 건물 내부와 도시/영토 내부의 통합 가능성은 그러므로 이론적으로 가능한 것이지요.

이 통합 가능성의 제시는 도시 공간을 외부로 남겨둘 것이 아니라, 건물 내부를 계획하는 것처럼 주의 깊은 관심과 함께 계획하기 위한 시도로 생각해 볼 수 있습니다. 공적인 공간 안에서의 행위와 심리는 사적인 공간 안에서의 그것들과는 분명 다르지만, 도시의 공간은 건물의 내부 공간 못지않게 중요합니다. 왜냐하면, 이곳은 건물 내부가 줄 수 없는 행위와 심리를 제공하며 우리 삶의 궤적을 완성하는 삶의 장치로 작용하기 때문입니다.

도시는 인간이 거주하는 지역 내부의 풍경으로서 공공의 공간(거리, 공원, 광장 등 그리고 극장이나 경기장과 같은 공공건물)과 도시의 세간(예컨대, 신호등, 가로등, 가로수, 이정표, 휴지통 등) 그리고 사적인 공간(집과 같은 건물들)과 함께 이루어져 있습니다. 건축 계획에서 도시 계획에 이르는 다양한 프로젝트들은 이러한 공간과 세간을 다룹니다. 중요한 점은 그러한 프로젝트들이 거주의 가치가 반영되어 향상된 도시 내부의 환경, 거주자를 위한 최적의 장치 그리고 개인과 공공을 위한 삶의 배경을 제공할 때 의의가 있다 할 것입니다.

도시의 시간

도시는 하나의 방이 모여 시작된 곳입니다. 인류 거주의 역사 서막에 초기 원시 도시의 시작은 일시 주거인 움집과 같은 방이었습니다. 이와 같은 초라한 단 하나의 방에서부터 시작한 도시가 지금의 도시를 형성했다고 한다면, 그 사이에 감지하기 힘든 시간의 퇴적과 함께 도시의 변모가 있었다는 것이겠지요. 실로 상상하기 힘든 시간 속 도시의 발전사입니다.

도시는 유구한 시간의 흐름 속에서 발현된 물질문명(물질을 바탕으로 이루어진 문명)일 뿐만 아니라 물질문화[5] 그 자체이기 때문에 시간의 형태는 도시를 이해하는데 있어 가장 중요한 요소 중

5) 인간이 이미 주어진 자연환경 속에서 거주하기 위해 물질을 바탕으로 만들어 놓은 문화, 건물, 기계, 도구 등을 일컫습니다.

하나입니다. 물질로 나타난 문화는 기억을 되돌릴 수 있고 함축된 시간을 더듬을 수 있는 기회를 제공합니다. 감지할 수 있는 형태로 창조된 물질들은 우리에게 무언가를 말할 수 있는 강력한 힘을 가지고 있습니다. 이 힘은 형태가 의미를 담고 있는 데서부터 나옵니다.

존 러스킨(John Ruskin 1819-1900)이 강조했던 "목소리 있음의 깊은 뜻"(Ruskin 1857, 155면)은 물질문명이 유장한 시간의 형태 속에서 인류가 남긴 의미심장한 몸짓을 담고 있는 것을 말합니다. 도시의 형태는 시간의 흐름 속에 축적된 거주의 모습으로 우리 앞에 나타나 있습니다. 그리고 개인뿐 아니라 공공의 역사가 반영된 공동체의 역사를 담고 있습니다. 그것은 때로는 관습대로 문화에 의해 혹은 전통에 바탕을 두고 형성되고 정체성을 갖게 됩니다.

한편, 도시는 시간의 흐름에 따라 물질문명의 상태로 설명될 수 있습니다. 물질문명의 진화는 발전된 도시로 물질문명의 퇴화는 퇴락한 도시로 설명될 수 있지요.[6] 현재의 도시들은 꾸준히 성장을 해왔거나 정체되었거나 그렇지 않으면 퇴락하고 있는 이 세 가지 중 하나의 상태에 속합니다. 중요한 것은 시간의 흐름 속에서 도시의 구조, 형태, 역사, 그리고 삶이 변해왔다는 점입니다. 이것은 도시 공간의 발전사가 시간의 퇴적과 함께 형성된다는 것을 말해줍니다. 도시 시공의 서사인 것이지요.

---

6) 어떨 때는 멸망이라고까지 할 수 있습니다. 실제로 사라진 도시들이(예컨대, 잉카인의 성채 도시인 마추피추) 존재하고 여전히 발견되고 있습니다.

도시는 시간이라는 잡히지 않는 층위 속에서 발생한 다양한 사건들과 기억들을 물질 속에 품고 있습니다. 실로 이야기들의 저장소라고 하지 않을 수 없습니다.

가끔 누군가는 4차원에 살고 있는 자신을 망각할 때가 있는 것 같습니다. 우리는 3차원의 공간만큼 중요한 시간이라는 차원을 무시하거나 배제하거나 혹은 인지하지 못해 실수를 하게 됩니다. 꽤 자신만의 독특한 세계에 살고 있는 이에게 '4차원이다' 혹은 '4차원에 살고 있다'고 말하는데, 바른 표현이 아닌 것 같습니다. 시간이라는 차원과 함께 우리는 분명 4차원에 살고 있기 때문입니다. 강조하고 싶은 것은, 시간의 흔적은 도시에 있어 가장 흥미롭고 중요하게 다루어져야 하는 차원이라는 점입니다. 시간의 형태 속 도시가 가지고 있는 역사, 기억, 또는 서사는 도시를 이해하는 데 외형보다 더 중요한 내용물이라고 하지 않을 수 없습니다.

지리학자 발레리 줄레조(Valérie Gelézeau)가 그녀의 책 아파트 공화국(2003)에서 여러 차례 말했던 것처럼, 도시의 형성은 어떠한 필연성을 갖고 있지 않습니다. 이러한 필연성을 갖고 있지 않은 현대의 주거 도시나 행정 도시가 한순간에 만들어지기도 합니다. 정책에 의해 어떤 특정 기능을 해결하기 위한 것인데, 한국에서 좋은 예가 세종시일 것입니다. 그러나 설령 이러한 도시의 생성이 시간의 축적에 의한 것이 아니라 정책에 의한 단순한 기능의 도시 건설이라고 하더라도, 그동안 축적되었던 지식에 의해 도시 설계 및 계획, 건설, 유지가 이루어집니다. 사실상 누적된 시간 역시 새로운 도시 내에 어느 정도 담겨지게 되는 것이지요.

요약하면, 일반적으로 도시는 사람이 모여서 발생시키는 거래와 이 과정에서 변모되는 도시의 형태 그리고 공동체에 의해 합의된 제도와 함께 시간의 흐름 속에서 이해되어야 할 것입니다.

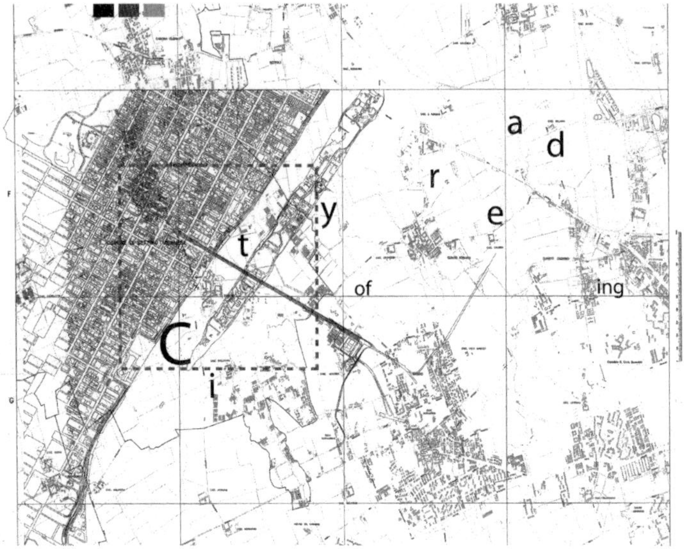

Collage city

2

도시 읽기
(Reading city)

장소 그리고 삶의 세계

장소는 인간이 거주(居住)하기 위해서 반드시 필요한 존재입니다. 특별히 지구는 하나의 거대한 장소로서 인간에게 필연적인 삶의 세계를 제공하는 없어서는 안 될 존재입니다. 그래서 인간 삶의 세계는 이 장소(지구)와 밀접한 관계 속에서 만들어집니다.

인간에게 장소는 살아있는 어떤 다른 것들(풀, 꽃, 벌레, 나무, 동물 등)과 함께 거주할 수 있는 안전한 바닥을 가진 지구에 제한되어 있습니다. 또한 그것은 생명의 공간이라고 할 수 있는 지구의 대기(지구가 제공하는 생명에 필수적인 물질들로 이루어진 체적) 내부에 한정됩니다. 이 대기라는 물질의 체적은 바닥과 함께 살아 있습니다. 아치 모양의 대기는 천장과 같습니다. 지구의 자전과 공전이 만들어내는 태양의 경로, 기후에 따라 짙어지거나 옅어지는 푸른 빛, 밤의 어슴푸레 또는 어둠, 별들의 반짝임, 계절의 변화에 따라 변하는 하늘색 그리고 떠다니는 구름, 이러한 것들은 천장을 살아있게 합니다. 살아있는 대기의 문양이라고 할 수 있지요.

바닥과 천장으로 이루어진 지구는 인간에게 주어진 은총의 공간이고 거주를 위해 반드시 필요한 삶의 장소입니다. 이곳에서 인간의 삶 그리고 거주가 발생합니다. 이 장소를 제외한 외부 그 어느 곳에서도 인간의 거주는 발생할 수 없습니다. 그래서 우주의 다른 장소에서는 결코 삶의 세계가 존재하지 않습니다. 우리의 삶은 오직 지구라는 한 장소에서만 발생합니다.

우주의 수많은 장소는 알려지지 않은 외부의 공간으로 남겨져 있습니다. 당연히 이 외부의 공간은 우리가 거주할 수 없는 장소입니다. 윌리엄 모리스(William Morris, 1834-1896)가 이야기했던 것처럼, 이 외부는 접근하기 힘든 "가장 멀리 있는 사막"(Morris 1882, 170면)과 같은 경작되지 않은 세계이며 미지의 세상입니다. 우리가 이 외부를 경작할 수만 있다면, 어쩌면 우리는 우주 공간에서도 거주할 수 있을지 모르겠습니다. 일단 우리가 외부를 경작하여 거주에 필요한 작업을 한 뒤 정주할 수 있는 장소로 만든다면, 지구 밖 우주 공간에서도 거주할 수 있을 것입니다. 그렇게 되면 그곳은 더는 외부가 아닙니다. 삶을 위한 공간, 즉 우리 삶의 세계가 만들어지는 또 다른 내부의 공간이 됩니다.

그러나 우리가 살 수 있는 내부는 가늠하기도 힘든 거대한 우주 속 작디작은 지구라는 장소 이외에는 아직 없습니다. 이곳은 인간 삶을 위한 유일한 장소이고 공간입니다. 기체상태의 물질과 에너지로 이루어진 대기의 체적은 우리에게 생명의 공간과 삶을 영유

할 수 있는 내부 공간을 제공해 줍니다. 우리 삶의 세계는 생명의 모체가 되는 바로 이 공간, 이미 주어진 공간 "속"/"안"/"내부"에 펼쳐집니다. 다시 말해, 거대한 우주 공간 속에 상대적인 크기와 양은 알 수 없지만, 그 한 부분을 차지하고 있는 이곳 지구라는 장소와 지구 대기의 공간(속/안/내부)에 인간의 삶과 거주는 발생하고 지속하게 됩니다.

지구는 무수히 많은 물질을 끌어 모으고 있고 또한 그것들로 이루어져 있습니다. 수많은 물질로 복잡하게 이루어진 우리 역시 마찬가지입니다. 그것의 한 부분이지요. 지구는 물질로 가득 채워진 우주 공간 속에 부분으로 존재하며, 우리 역시 그렇게 존재합니다. 우리 삶의 세계는 지구가 인간에게 부여하고 있는 대기의 공간에 만들어지고 연결되어 있습니다. 이 연결이 끊어질 때 우리의 삶은 소멸합니다.

우리는 이 공간 안에서 감각을 통하여 세상을 인지하고 경험하며 지적 사유를 통해 끊임없이 반응하고 투사하면서 삶의 세계를 만들어갑니다. 이렇게 만들어진 세계 속에서 우리는 지속적으로 그것에 반응하게 됩니다. 내부화가 외부화를 가속화하는 것이지요. 외부화된 삶의 세계는 우리 몸을 기준으로 밖인 외부 세계입니다. 이 외부 세계는 감각과 경험 그리고 이성에 의해 정신과 영혼이 거하는 몸 안 내부 세계에 내부화됩니다. 이곳을 내부화된 세계라고 합니다. 외부 세계가 내부화된 이 세계는 다시 외부 세계로 외부화되어 삶의 세계를 증식하게 합니다. 내부화된 세계가 지속해서 외부화된다는 것을 말하는 것이지요.

이런 방식으로 우리는 우리 삶의 세계를 끊임없이 만들어갑니다. 무한히 증식하는 세계, 그것이야말로 우리가 부단히 만들어온 그리고 만들어가고 있는 세계입니다. 차이와 반복(Gilles Deleuze, *Différence et Répétition,* 1968) 그리고 천 개의 고원(Gilles Deleuze/Felix Guattari, *Mille Plateaux,* 1980)은 단순히 철학책의 제목으로만 볼 것이 아닙니다. 차이, 반복, 그리고 천 개의 고원은 반복적으로 수없이 많은 세계가 만들어지는 삶의 세계를 조금이라도 이해하는 데 도움이 되는 단어들입니다.

삶의 세계에는 물질화된 세계 말고 다른 세계가 있습니다. 앞서 잠깐 언급했던 내부의 세계입니다. 물질문화로 이루어진 삶의 세계에서 우리는 어떠한 영향을 받게 됩니다. 이것은 우리 몸을 관통하여 또 다른 내부를 열게 하는데요, 내부의 공간입니다. 그곳은 우리의 정신과 영혼이 머무는 거소이며, 물질의 세계인 우주 공간이 그러하듯 끝없이 치닫는 내부의 세계입니다. 이곳에서 외부 세계의 내부화가 일어납니다. 이 내부화는 외부 세계에 대한 반응이고, 이 반응은 다시 외부화, 즉 몸 밖의 환경으로 그것을 되돌려줍니다. 투사(投射/project)인 것이지요. 투사란 두 번째 단계 혹은 과정을 말하는데요, 외부 세계에 대한 반응이 내면화되는 데 그치지 않고 내면화된 세계의 일부가 외부로 물질화되는 것을 말합니다.

투사는 정확히 다른 두 세계 사이에 존재하는 몸의 공간적 존재를 전제로 합니다. 그래서 투사의 작업은 내부 세계를 담고 있는 몸의 세계를 위한 것입니다. 이 작업은 두 개의 다른 세계를 잇는 공간적 존재인 몸, 즉 두 세계를 살아가는 우리의 몸을 위한 것입니다.

건축과 도시 그리고 국토/영토 계획은 모두 다 프로젝트입니다. 투사하는 작업이지요. 내부로부터 나오는 반응을 우리 삶의 세계인 물리적인 세계에 외부화시키는 작업입니다. 여기서 강조하고 싶은 것은, 어떠한 프로젝트이든 그것은 결국 우리 몸 밖의 세계, 우리 몸, 그리고 우리 몸 안의 세계를 위한 것, 즉 온전한 삶과 거주의 세계를 위한 것이어야 한다는 점입니다. 도시에서 이루어지는 모든 투사는 분명 더 낳은 거주를 위해 이루어져야 하는 작업입니다. 비록, 건축과 도시 그리고 국토/영토 계획에서의 프로젝트가 다양한 장소에 각기 다른 공간의 상황에 따라 다르게 놓인다 하더라도, 거주의 질을 향상시키는 작업이 되어야만 합니다. 그 어떠한 가치도 거주의 가치를 압도해서는 안 됩니다.

거주는 단순히 지구 위에서 살아가는 것을 의미하지 않습니다. 이것은 사람들을 만나고 물건, 생각, 느낌, 감정 등과 같은 것들을 교환하면서 발생할 수 있는 수많은 것들을 경험하는 것, 즉 다양한 가능성으로서 삶을 경험하는 것을 말합니다. 그리고 다른 사람들과 합의에 이르는 것, 즉 공동의 가치를 받아들이는 것을 의미합니다. 그뿐만 아니라, 우리의 작은 선택들로 이루어질 수 있는 삶의 세계가 되게 하는 것, 즉 자신이 만들어갈 수 있는 삶의 세계를 갖는 것을 의미합니다. 이 세 가지가 크리스티앙 노르베르그-슐츠(Christian Norberg-Schulz)가 *The Concept of Dwelling: On the Way to Figurative Architecture*(1984)에서 말하는 거주의 본질입니다. 요약하면, "공동체의"("collective") "공공의"("public") "개인의"("private") 삶 혹은 거주라고 할 수 있습니다.(Norberg-Schulz 1984, 7면)

세 가지 중에서 어느 것 하나라도 무시되거나, 하찮게 여겨지거나, 희생된다면, 도시는 더 이상 바른 거주의 장소가 될 수 없을 것입니다. 참된 삶의 세계는 개인의 자유가 공공의 가치와 함께 공동체의 유익으로 되돌아올 때 가능해집니다. 세 겹이 한 겹으로 된 장소가 거주하기 좋은 온전한 삶의 세계이고 참된 거주의 세계인 것이지요.

도시의 심상(心像)

도시를 들여다보는 방법은 참 많습니다. 쉽게는 내가 있는 여기 이곳에서부터 내 삶의 궤적을 가만히 따라가 보는 것입니다. 그러면서 마주치는 것들이 모두 도시를 구성하는 요소들이어서 이 방식은 건축이나 도시 계획을 전공하지 않은 일반 사람들도 알기 쉬운 방법입니다. 그렇지만 이것은 도시를 단면적으로 이해하는 한계를 지닙니다. 왜냐하면, 내 삶의 궤적 이외에 다른 이들이 만들어가는 삶의 궤적들이 존재하기 때문입니다. 도시는 다양한 삶의 형태들이 충돌하거나 교차하면서 만들어지는 삶의 세계입니다.

도시는 아주 오래전부터 퇴적되어온 삶의 문양들이 고스란히 형태화되어 있습니다. 이것을 누적되어 물질화된 정신문화라고 합니다. 물질문화는 여기서 나온 것입니다. 삶의 문양은 곳곳에 온전히 혹은 편린처럼 시간의 형태 속에서 물질화되어 남겨져 있습니다. 쉽게 마주치기도 하고 그렇지 않기도 합니다. 앞선 이들이 어떠한 생각을 가지고 도시를 변모시키고 발전시켜 왔는지에 따라 그것은 쉽게, 더러는 어렵게 나타나는 곳도 있고 전혀 나타나지 않는 곳도 있습니다. 더욱이 바쁘게 돌아가는 도시의 삶 속에서 그것을 알아차리기란 쉬운 일이 아닙니다.

도시가 담고 있는 내용은 도시의 형태를 설명한 이후에 살펴보면 좀 더 이해가 쉬울 것 같습니다. 백번을 듣는 것보다 한번 보는 것이 나은 것처럼 시각화된 도시의 형태는 그 이해가 훨씬 수월할 것입니다.

우리가 가진 모든 감각기관을 통해 도시를 경험할 때, 우리는 다양하지만 어떠한 특유의 감정을 갖게 되거나 느낌을 받게 됩니다. 어떤 도시는 비명을 지르는 듯 소란스럽게 혹은 속삭이듯이 우리에게 다가옵니다. 건물들의 모양새, 다양한 색들 그리고 냄새, 사람과 기계들이 발생시키는 소리, 모습을 바꾸어 드러내는 밤의 풍경 등과 같은 감각적인 것들 그리고 그것들에 대한 생각은 각자가 도시를 읽고 이해하고 설명할 수 있는 자신만의 언어가 됩니다. 글, 그림, 또는 영상과 같은 것들을 통해서 마음속

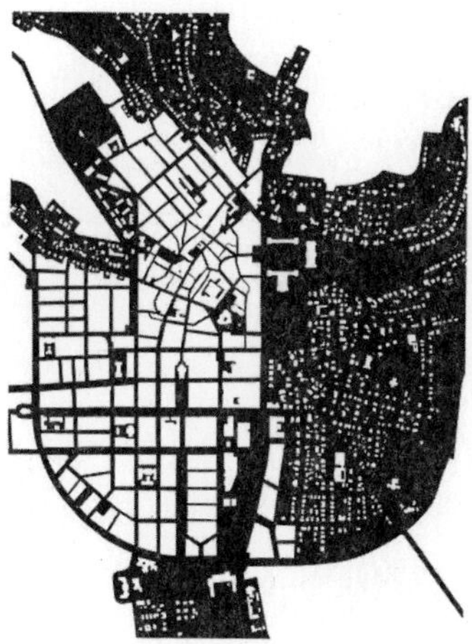

독일의 비스바덴(Wiesbaden) 전경 배경 평면도(figure ground plan), 약 1900년도.

혹은 머릿속 도시를 형태화 그리고 시각화할 수 있지요.

도시의 이미지(Kevin Lynch, *The Image of the City,* 1960), 도시의 디자인(Edmund Bacon, *Design of Cities,* 1967), 콜라주 도시(Colin Rowe, *Collage City,* 1978) 등과 같은 책들은 시각화된 많은 자료와 함께 도시를 설명하고 있습니다. 그중에서 까다로우나 그려보기에는 가장 좋은 방법이라 생각되는 것이 케빈 린치(1918-1984)의 심상화(이미지화시키는 것)일 것 같습니다. 전체이든 부분이든 시각화된 어떤 형상은 분명 도시의 형태나 구조를 이해하는 데 도움이 됩니다.

린치는 심상화하는 방법으로 도시를 이해하고 설명하는 데 도움을 주고 있습니다. 요약하면, 쉽사리 심상화할 수 있는 구조로 이루어져 있는 도시가 형태적으로 잘 구성되어 있는 것이고, 반대로 도시가 잘 계획되어 구성되었다면 도시민 혹은 관광객과 같은 관찰자에게 뚜렷한 심상(이미지)을 불러일으킬 수 있다고 했습니다. 명료함이 기준이 되는 것이지요. 그래서 이것은 린치의 관점에서 도시를 시각화하는 데 중요한 해석의 수단이 됩니다.

복잡하게 구성된 도시를 그려보거나 분석하려 할 때 중요한 요소들은 분명 건축이 이뤄낸 건물들입니다. 주거가 그 처음이지요. 물론 인간에게 기본적인 건물로서 주거 건물들 말고 다른 기능의 건물들이 있습니다. 예를 들면, 업무를 위한 건물입니다. 가장 많은 시간을 집과 더불어 이곳에서 보내게 됩니다. 그리고 도시의 삶에 필요한 가게, 식당, 교회, 성당, 학교, 구청, 동사무소 등의 다른 건물들도 있습니다.

또 다른 요소는 건축이 만들어낸 공공의 영역입니다. 건물들과 더불어 거리, 광장, 공원과 같은 공공의 장소들은 도시를 이해하고 분석하고 평가하는 데 있어 주요한 준거가 됩니다. 도시가 공공의 영역을 도시민에게 어떻게 제공하느냐에 따라 거주의 질은 달라집니다. 정원(마당)을 가지고 있는 집과 그렇지 않은 집의 차이일 것입니다. 이 차이는 분명하게 다른 거주의 질을 말하는데요, 정원(마당)이 없는 집에서 누릴 수 있는 삶의 범위는 정원(마당)이 있는 집에 비해 제한적일 수밖에 없지요. 도시민의 거주에 영향을 미치는 공공의 영역은 도시의 형태와 구조를 평가하는 데 중요한 역할을 합니다.

도시는 크게 세 가지로 구분하여 이해할 수 있습니다. 다른 도시와 구별되는 특징을 가지고 있는 정체성이 그 첫 번째입니다. 한 도시의 이미지가 다른 도시와 분리되어 다르게 인식되는 것을 말합니다. 도시는 여러 층위의 공간, 장소, 거주의 요소(가로등, 벤치, 휴지통, 가로수 등)로 이루어져 있는데 이런 것을 시각화할 때 드러나는 윤곽, 즉 도시의 구조(도시 공간의 체계, 또는 도시 장소의 조직)가 두 번째입니다. 그리고 도시의 정체성과 구조가 내포하고 있는 의미가 있습니다. 이것이 마지막 이해의 요소입니다. 우리의 시선과 감성에 의해 인지되는 것 너머에 있는 실제적인 효율성과 유용성을 말합니다.

린치의 심상화로 우리가 어떠한 이미지로 도시를 기억하는지, 도시가 어떠한 이미지를 불러일으키는지, 이 때문에 우리가 갖게 되는 도시의 심상(이미지)은 무엇인지 생각해 볼 수 있습니다. 그런 다음 도시를 시각화하여 개괄적으로 이해하고 기억할 수 있습니다. 도시의 심상은 다음 다섯 가지 요소들에 의해 보다 구체화됩니다.

린치는 도시를 이미지화할 수 있도록 만드는 도시의 물리적 구조에 관한 요소들, 통로(paths), 경계(edges), 지구(districts), 교점(nodes), 지표(landmarks)를 설명하고 있습니다.(Lynch 1960, 46-90면) 이 다섯 가지 요소들은 도시를 들여다보기 위한 아주 유용한 기준들이 됩니다. 예컨대, 통로는 사람이나 운송 수단이 이용하는 거리나 운하와 같은 것을 말하고, 경계는 벽, 강, 해안, 철도 등과 같이 영역을 구분할 수 있는 선형적인 것을 말하며, 지구는 단지, 동, 구와 같은 독자적 특징을 지닌 영역을 말합니다. 교점은 대체로 도심부에 위치하는데 광장과 같은 집중 혹은 접합 지점들을 말하고, 지표는 마천루, 탑, 기념물과 같이 원거리에서도 쉽게 인지 할 수 있는 것을 말합니다. 이 다섯 가지 요소들을 통해 우리는 우리가 기억하는 도시를 완벽하지 않더라도 그려낼 수 있습니다.

도시의 심상화를 통해 도시를 시각화하는 것은 구글 맵에서 제공하는 지도와는 다른 도시의 풍경을 이해하는 데 분명 일조합니다. 위에서 아래가 아닌, 우리의 시각에서 도시를 바라보는 모습과 느낌 그리고 감상을 심상화하고 시각화하는 것은 도시의 정체성과 형태 그리고 구조를 보다 정확하고 입체적으로 알 수 있게 해줍니다. 하지만 세세한 거주의 요소들과 형태화된 물질문화가 품고 있는 정신문화, 역사, 기억과 같은 내용물을 이해하는 것과는 분명 거리가 있습니다.

도시의 분석

세계의 수많은 도시는 제각각 그 특성과 모습이 다 다릅니다. 이질적인 형태의 도시들은 그러나 유사한 현상들이 발생하는 동질의 성격을 가지고 있습니다. 도시를 분석하고 이해하는데 동질성으로부터 여러 가지 준거들을 추출할 수 있는데요, 근래에 유럽의 건축과 도시 계획 교육에서 도시를 분석하고 이해하는데 다섯 가지 준거들이 사용되고 있습니다.

도시의 역사가 그 처음입니다. 정책, 경제, 종교, 전쟁, 사건 등이 시간의 흐름 속에서 도시에 미친 영향을 분석하는 것입니다. 다시 말하면 도시의 형태 외적 요인들을 조사하는 것을 말합니다. 도시의 변화를 초래하는 정책, 도시의 발전 혹은 낙후를 가져오게 되는 경제의 성장 혹은 하락, 도시 삶의 형태에 영향을 미치는 종교의 유입과 신앙 혹은 신념의 변화, 도시 파괴에 치명적인 전쟁, 기억의 형태인 기념물 혹은 기념비의 흔적으로 남게 되는 사건, 오랫동안 내려오는 전통, 기념행사, 축제 등과 같은 도시에 영향을 주는 요인들을 조사하여 도시를 이해하는 방법입니다.

두 번째는 도시의 발전입니다. 역사의 틀 속에서 변모 혹은 변형되어 발전해온 도시의 구조와 형태를 분석하고 이해하는 것입니다. 도시가 간직한 시간의 문양과 기억의 형태를 이해하는 것이지요. 도시 내부에 존재하는 물리적 형태의 모든 변화들, 즉 변화의 지형을 감지하는 방법으로, 시간 속에서 진화해온 도시의 형태를 한눈에 내려다볼 수 있는 더없이 중요한 이해 방법입니다.

세 번째는 밀도입니다. 건물 밀집의 정도, 도시 내 인구 밀도, 종교나 인종에 따른 거주 지역과 종교 시설의 분포, 그리고 주거, 업무, 산업 지역과 같은 기능에 의해 나누어진 도시 지역의 분포를 조사하여 분석하는 것입니다.

네 번째는 유동성입니다. 이 네 번째 준거는 도시를 이해하는 데 있어서 점점 더 중요해지고 있습니다. 탈것의 발전뿐만 아니라 양의 증가는 도시 기반 시설의 발전에 가장 큰 영향을 주기 때문입니다. 대중교통의 발전, 노선의 변화나 확충, 환승 지역 환경의 변화, 인도 넓힘, 자전거도로 신설, 외곽 순환도로 건설 등과 같은 변화를 보면 잘 알 수 있습니다. 이것을 알아봄으로써 그에 따른 문제점이나 해결점들을 미리 예측할 수 있습니다. 그뿐만 아니라 발전 가능성의 지점들을 조망할 수도 있습니다.

마지막으로 발전 가능성의 담론들입니다. 이것은 당대에 계획되어 발표되었거나 실행되어 현존하는 프로젝트들과 현재 제시되고 있는 계획안들을 비평적 시각으로 분석하고 검토하는 작업입니다. 이것은 이미 실행된 것들과 당대 현안들을 담고 있는 계획안들 속에서 새로움을 발견하고 계승하려는 온고지신(溫故知新)의 의미를 담고 있습니다. 이를 통한 도시의 이해는 도시 발전의 가능성으로서 새로운 담론을 제시할 수 있는 바탕이 됩니다.

이 다섯 가지 준거들은, 도시가 가지는 시간의 배경(역사), 물리적인 도시성장의 형태(발전), 건물 및 인구 분포와 밀집(밀도), 사람과 탈것 그리고 물품의 흐름(유동성), 이전 계획의 결과와 제시되고 있는 계획들에 대한 분석과 비평을 통한 새로운 시각(발전 가능성의 담론)으로 요약할 수 있습니다. 이러한 준거들을 통해 도시를 분석하고 이해하였다면, 더욱 복잡하고 입체적인 도시를 심상화할 수 있을 것입니다. 도시의 분석을 통해 얻은 결과와 입체화된 도시의 심상은 투사의 작업을 통해 향상될 도시의 장소와 삶의 세계에 구체적인 자료와 근거로 활용될 수 있을 것입니다.

도시를 이해하는 과정은 건축을 제대로 할 수 있는 배경이 됩니다. 나아가 도시 계획을 잘할 수 있는 배경이 됩니다. 반대로 건축과 도시 계획을 잘하기 위해서는 도시를 잘 들여다봐야 할 것입니다. 앞서 언급했듯이, 투사의 작업들은 분명 좀 더 나은 거주의 질을 향한 작업이기 때문에 현재의 도시를 잘 들여다보는 것이 무엇보다 선행되어야 합니다.

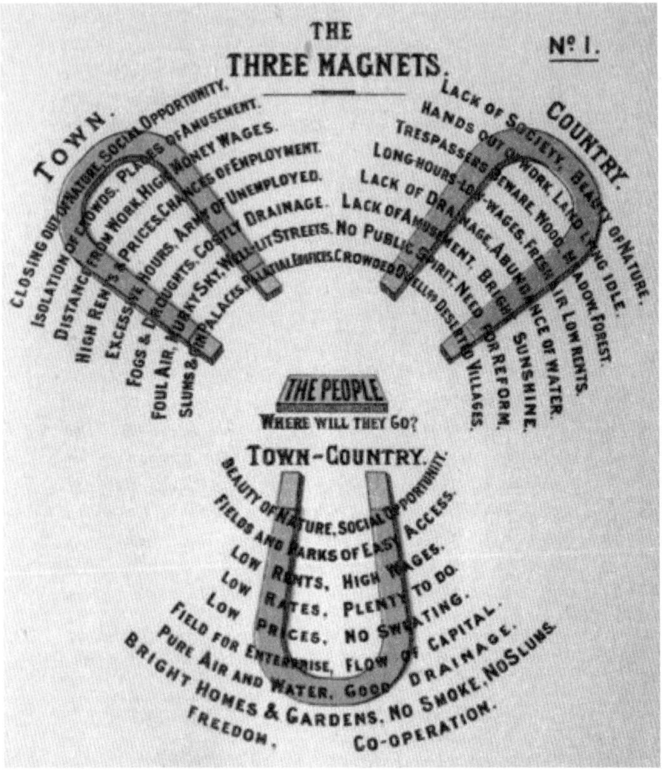

에버니저 하워드(Ebenezer Howard), 세 가지 자석들(the three magnets)에 관한 도해, 1898.

3

도시의 공간과 장소
(Urban space and place)

도시의 공간과 장소

가만히 잘 생각해보면 우리는 우주라는 거대한 공간 "안" 눈에 보일락 말락 하는 먼지와 같이 작은 지구라는 한 장소에서 거주하고 있는 것을 알 수 있습니다. 이곳은 축복의 대기로 둘러싸여 있고, 우리는 그 안에 자리한 무수히 많은 장소 이를테면, 시골 외딴 곳, 마을, 혹은 도시 어딘가에 거주하고 있습니다.

거주의 장소는 건물 내부 공간, 건물들과 다른 다양한 거주의 요소들로 이루어진 도시 내부 공간, 혹은 들, 강산, 바다로 둘러싸인 해안과 같은 자연 속 공간들이 있습니다. 삶을 이어나갈 수 있는 이러한 공간들을 우리는 거주의 장소로서 점유하며 사용해오고 있습니다.

건축 본연의 임무는 거주를 위한 공간을 만드는 데 있습니다. 너무도 자명한 것이지요. 그뿐만 아니라 장소를 만드는 데 역시 그

임무가 있습니다. 이 공간과 장소는 건물 내부만을 의미하지 않고, 도시와 국토/영토 내부를 동시에 의미합니다. 도시/지역 계획/개발이나 국토/영토 계획/개발 역시 그 본연의 임무는 거주를 위한 내부 공간과 장소를 만드는 데 있습니다.

너무도 빈번하게 사용하고 있고 잘 알고 있다고 생각하는 공간과 장소는 어떤 의미를 지닐까요? 우리는 그것들의 본래 의미를 이해할 필요가 있습니다. 공간과 장소에 대한 이해의 출발을 거실 혹은 광장에서부터 시작해도 좋을 것 같습니다. 건물 내부인 방에서 도시 내부인 광장으로 나가면서 아니면 그 반대 방향인 광장에서 방으로 들어오면서 이해할 수도 있겠습니다.

일반적으로 우리는 우리를 에워싸고 있는 삼차원의 공간을 잘 알고 있습니다. '안', '밖', '앞', '옆', '뒤', '위', '아래' 혹은 '사이'와 같은 단어들은 공간을 암시해주고 있습니다. 우리는 만날 장소를 정할 때 주로 장소의 이름 혹은 공간의 성격이나 위치를 나타내는 위의 명사들을 사용합니다. 이를테면 남산타워, 경복궁, 서울광장과 같은 장소의 이름과 남산타워 앞 혹은 안, 경복궁 안 혹은 밖, 서울광장과 서울시청 사이와 같이 공간의 성격과 위치를 나타내는 명사를 일상적으로 사용합니다. 그렇지만 엄격하게 가려서 사용하지는 않습니다.

사전에서 정의하고 있는 '무엇이 있거나 어떤 일이 이루어지거나 일어나는 곳'이라는 뜻을 가진 장소와 '아무것도 없는 빈 곳 또는 어떤 물질이나 물체가 존재할 수 있거나 어떤 일이 일어날 수 있는 자리'의 뜻이 다른 듯 비슷하여 구분이 쉽지 않아서 그럴지도 모릅니다.

침실, 거실, 부엌 등은 분명히 용적의 의미를 갖는 삼차원의 공간으로 이해되지만, 각각의 이름은 인간 행위에 의해 부여되었습니다. 공간 혹은 장소의 이름은 거주와 관련된 특성과 행위를 내포하고 있습니다. 예컨대, 어머니가 밥을 짓는 공간 혹은 장소가 부엌으로, 가족들이 모이고 흩어지는 공간 혹은 장소가 거실로, 잠자는 공간 혹은 장소가 침실로 이름 불리는 것처럼 말이지요.

공간과 장소의 개념은 차이가 분명히 있지만, 종종 장소를 공간과 다르지 않게 생각하는데 이유는 곧 설명하겠습니다. 중요한 것은 장소의 이해가 도시를 이해하는 데 도움이 된다는 것입니다.

하나의 공간인 방은 하나의 장소입니다. 물론 이 방에도 많은 장소가 있습니다. 하나의 지점, 수를 통해 위치를 파악할 수 있는 좌표, 이것은 하나의 장소입니다. 여기서 하나 알아두면 좋을 것은 좌표로 알 수 있는 어떤 지점은 다른 지점들로부터 상대적인 위치를 갖는다는 점입니다. 만약 우리가 다른 지점들 없이 오직 하나의 지점 혹은 위치를 가리킨다면, 그것은 그저 가상에서만 존재하는 말 그대로의 "어느 곳"이 됩니다.[1]

---

1) 또 다른 재미난 것은 좌표를 통해 상대적인 지점 그리고 위치를 확인할 수 있는 것은 감각(시각)에 의한 것이 아니라는 점입니다. 공간 속 좌표로 알 수 있는 지점이나 위치는 볼 수 있는 시각적인 형태가 아닙니다. 엄밀하게 말하면, 점은 면(면적)을 가지고 있지 않아서 볼 수 없습니다. 점의 연장인 선 역시 마찬가지지요. 우리가 찍어 볼 수 있는 점이나 그려서 볼 수 있는 선은 이미 면적을 가지고 있습니다. 그래서 지점이나 위치를 눈으로 확인할 수 있다면 그것은 이미 면적을 가지고 있는 점으로 표시되었기 때문입니다. 눈으로 볼 수 없는 한 지점이나 위치를 장소라고 하지 않습니다. 그렇게 되면 장소는 볼 수 없게 됩니다. 감각에 의해 인지할 수 없게 된다는 것이지요. 다른 지점들로부터 상대적인 지점과 위치를 가지는 장소는 면적, 즉 시각적인 형태를 가지고 있습니다. 이런 점에서 공간은 장소를 이해하는데 전제조건이 됩니다.

존재에 관한 인식에 대하여 즉자(卽自)와 대자(對自)의 인식이 있습니다. 전자는 타자와 다른 어떤 것들과 관계없이 오로지 자신만의 존재를 인식하는 방식 내지는 그 본성을 말합니다. 타자와 다른 것들과의 관계 속에서 자신을 인식하는 대자와는 반대로 존재를 인식하는 것을 말합니다. 즉자는 타자와의 관계에서 무관심을 드러내는 것이지만, 대자는 타자와의 관계를 항상 내면화하여 자기를 인식하는 것입니다. 후자의 사고방식은 어떤 것이 다른 것들로부터 단독으로 존재하는 것이 아니라 중층 혹은 다중의 겹으로 매개되어 존재한다는 것을 인식하는 것입니다. 그래서 타자 속에 자신의 존재와 그 관계를 인식하는 것이지요. 타자로부터 분절된 자기 자신을 알아차리는 것을 대자적 자기 인식이라고 할 수 있습니다.

강조하고 싶은 점은 존재를 어떤 것(존재)들 속에서 다양하게 매개되어 있는 존재로 인식하는 것, 분절되어 수많은 마디로 이루어진 세계 속에서 하나의 마디로 인식하는 것이 의미 있다 할 것입니다. 그래서 헤겔 변증법의 근본 개념 중 하나인 즉자적대자(卽自的對自)[2]의 단계로 나아갈 수 있습니다. 존재는 오직 존재들 속에 결부된 존재, 대자적 존재입니다. 장소의 이해도 이와 같습니다. 장소는 다른 지점들, 즉 다른 장소들과 함께 다층으로 매개되어 존재합니다.

---

2) 즉자와 대자가 지양(止揚, 더 높은 단계로 오르기 위하여 어떠한 것을 하지 않음) 그리고 통일되어 발전하는 존재의 인식입니다. 존재에 대한 인식의 최고 단계를 말합니다. 모든 것이 단독으로 있는 것이 아니라 서로 중층적으로 매개되어 존재하는 것을 알아차리는 것이지요.

방은 수많은 지점과 위치로 설명 가능한 장소들로 이루어진 하나의 공간입니다. 이 공간은 여러 방들 사이에서 그리고 도시 내부에서 하나의 지점과 위치를 가지는 장소가 됩니다. 방들이 모여 건물이 되고 건물들이 모여 건물들 사이 공간들과 함께 도시가 됩니다. 장소로 달리 얘기해보면 건물은 방이라는 여러 장소가 모여 만들어집니다. 그래서 건물은 소집된 한 다발의 장소 혹은 장소의 한 묶음입니다. 이 장소의 다발들이 도시 내부 공간에 있는 수많은 장소와 함께 도시를 이룹니다. 그래서 도시는 장소들의 묶음이라고 해도 전혀 이상할 것이 없습니다.

"Thing"으로 보는 도시의 공간과 장소

수많은 장소로 이루어진 도시는 도시 간 혹은 도시와 작은 마을 간 다른 종류의 장소와 함께 국토/영토 내부를 이룹니다. 국토/영토는 그래서 다양한 종류의 장소로 묶인 다발로 이해할 수 있습니다. 그것은 지구 위 200여 개 나라 중 하나의 장소가 되고, 지구는 이 장소들로 이루어진 하나의 묶음이 됩니다. 거대한 우주 속 지구는 그래서 하나의 작디작은 한 묶음의 장소가 되는 것이지요.

하이데거에 의하면, 장소는 하나의 "thing"(사물이나 생물 등을 말하는 "어떤 것")입니다. 이 thing이 무엇인지 파악하면 도시가 보입니다.

일반적으로 예술 작업은 의미를 담는 형태를 보입니다. 그 형태가 어떤 것(thing)이라고 생각해봅시다. 형태는 그 어떤 것에 내재한 의미를 가진 상징, 의미를 지시하는 이정표, 그리고 기표(의미 전달자)입니다. 그것(thing)은 의미의 형태, 의미의 상징, 의미 지시의 이정표, 의미 전달자, 그리고 의미 그 자체입니다. 예술 작업의 형태는 thing과 의미를 동시에 하나로 묶습니다. 의미의 형태를 보이고 있는 thing은 물질로 이루어져 있습니다. 그리고 그것은 물질과 에너지로 이루어진 공간 안에 놓여 있게 됩니다.[3] 이 공간은 하나의 thing인 우주에 속해 있습니다.

하이데거는 thing의 의미를 추적하여 좀 더 깊은 사유로 우리를 이끌고 있는데요, 재미있는 것은 그것이 장소의 의미를 내포하고 있다는 점입니다. 그에 의하면 오래된 독일어, *thing*과 *dinc*은 특별히 신중하게 논의될 사안을 위한 "gathering"(모임/만남), 즉 회합(會合)을 의미합니다.(Heidegger 2001, 172면) 이 *dinc*와 *thing*은 지적 사유를 통해 얻은 결과로 그것에 타당하고 적합한 이름이 부여됩니다. 그것에 주된 특징과 그것의 속성으로서 정체성 혹은 독자성이 부여되는 것을 의미합니다. 이를테면, 지구(地球)는 땅 지와 공(둥근 물체) 구가 합쳐져서 땅의 둥근 특징을, 원자(Atom)는 그리스어로 '더는 나눌 수 없는'('indivisible') atomos에서 유래한 더 이상 나눌 수 없는 특성을 각각 그 이름으로 부여받게 된 것이지요.

또한 thing은 *aisthēton*[4]이기도 합니다. 이것은 감각을 통해 인지할 수 있는 측면을 말합니다. Thing은 그래서 감각들이 유발되는 근원의 지점입니다. 다른 것들 속에서 눈에 띄는 색, 딱딱하거나 부

---

3) 물질과 에너지로 이루어진 체적(공간) 역시 하나의 thing입니다.

4) 플라톤이 사용했던 지적 능력으로 이해할 수 있는 *Noēton*(intelligible)과는 대조적으로 감각의 세계에서 감각들에 의해 맨 처음 인지되는 시각적인 측면을 가리킵니다.

드럽게 느껴지는 질감, 크거나 작은 정도의 크기, 그것의 윤곽 등을 형태라고 합니다.[5] Thing은 감각의 문을 통해 감지할 수 있는 이미 구성된 형태를 말합니다. Thing을 장소로 치환하여도 무방합니다.

무언가를 창조하는(예술을 포함하여) 작업은 다른 말로 형태를 만들거나 구성하는 것을 말합니다. Thing을 만들어내는 것이지요. 이것은 감각으로 인지 가능한 형태와 형태 속에 담길 지적 능력으로 파악할 수 있는 의미의 형태(감각으로 인지 불가능한 형태) 둘 다를 의미합니다. 앞에서 예술의 형태를 thing이라고 가정하여 설명했던 이유입니다. 도시 삶의 세계를 만들어가는 것도 형태를 구성하고 창조하는 것입니다. 예술의 한 형태로서 thing을 창조하는 것이지요.

한편, 수없이 많은 행성이 존재하는 우주에서 하나의 행성으로서 지구를 인지하는 것은 우주의 부분으로 thing을 이해하는 것이고, 수없이 많은 행성과 물질들로 이루어진 우주를 인지하는 것은 전체인 thing을 이해하는 것입니다. Thing은 그래서 우주 속 수많은 thing들 속에서 우리가 인지하는 부분이거나, 무수한 thing들로 구성된 전체일 수 있습니다.

Thing들 속에서 하나의 독립적인 존재로 인식하는 즉자 혹은 그 속에 함께 하는 존재로 인식하는 대자를 생각해 볼 수 있습니다. 우리는 thing을 하나의 즉자적인 존재이자 동시에 대자적인 존재

---

5) 형태는 철학에서 사용하는 지적 세계 속 형태(감각으로 인지할 수 없는 형태)를 제외하면 감각의 세계에서 인지할 수 있는 모든 것을 형태라고 합니다. Thing은 형태를 갖거나 형태 그 자체입니다.

로 이해할 수 있습니다. 그러나 앞서 언급했던바, 즉자는 타자의 존재들 없이 자신의 존재만을 인식하는 것이기에 바른 인식이 아닙니다. 현실 세계, 즉 물질의 세계에서 하나의 thing은 층층이 얽혀있는 수많은 감각의 결들과 함께 존재합니다. 그리고 동시에 많은 겹들로 구성된 전체를 말합니다. 여기서부터 장소의 개념은 분명하게 이해되기 시작합니다.

장소의 개념은 하나의 개체(thing)로 파악될 수 없습니다. 왜냐하면, 장소는 우리가 인지하는 것들로 이루어진 형태의 전체 속에서 하나의 어떤 것에 대한 인식의 근원 지점이기 때문입니다. 장소는 그래서 하나로 회합된 것들 속에 존재하는 대자적 존재의 속성을 갖습니다. 다르게 말하면, 장소는 즉자적 존재로서의 속성을 가질 수 없습니다.

장소 혹은 thing은 감각을 통해 인지할 수 있는 형태의 특성만을 간직하고 있습니다. 본래 갖고 있는 형태의 특성은 이미 주어진 환경으로서 언어가 생기기 전부터 이름 없이 남겨져 있었습니다. 장소 혹은 어떤 것은 우주(의 한 지역/공간) 속에 감각의 인지를 유발하는 하나의 원점으로서 그 자신을 드러내고 있는 것을 말합니다. 그리고 그것은 마치 하나의 편린이 전체의 형태를 이루고 전체의 조화 속에서 존재하고 있는 요소처럼 주변과 연결되어 자유롭게 확장됩니다.

---

6) 하지만 만약, 한 장소가 감각들에 의해 식별된 후 지적 사유를 거쳐 어느 특정한 이름으로 불리게 된다면, 그 장소는 그 이름에 부여된 정체성이나 독자성의 의미만큼 또 다른 특성을 갖게 됩니다.

장소는 항상 다른 곳(지역/공간)으로 열려 있습니다. 한 장소는 그 한 장소가 접촉하고 있는 다른 곳의 또 다른 장소들을 회합시킵니다. 연결되어 있다는 것이지요. 다른 장소들과 관계를 갖는다는 의미이기도 합니다. 그래서 장소는 그것이 속하는 다른 장소들과 함께 지역/공간으로 항상 열려있습니다. 이 지역/공간은 장소들의 회합이고 묶음입니다. 수많은 장소로 이루어져 있다는 것을 뜻합니다. 그래서 한 장소는 하나의 부분으로 전체 속에 놓이게 됩니다. 그리고 동시에 연결되고 확장되어 전체성을 갖습니다. 한 장소가 다른 장소와 함께 전체로 인지되는 것을 말합니다. 하이데거의 thing에 대한 설명은 장소의 속성을 분명하게 말해주고 있습니다.

"모음은 thing들이 속하는 지역 속에 그것들을 보호하는 것을 놓아주는 의미로 그 장소 속에서 출현하게 됩니다. 오래된 단어의 형태인 지역은 열림("*die Gegnet*")으로써 전해집니다. 이것은 자유로운 확장을 말합니다. 그것을 통해서 이 열림은 각각의 thing이 본질적으로 그것 자체로 남겨져 통합되게 만듭니다. 동시에 이것은 thing들이 함께 모여 있는 보존을 의미합니다...thing들은 단순히 한 장소에 속하는 것이 아니라 그것들 자체로 장소들입니다." (Heidegger 1969, 10-11면)

하이데거는 thing을 설명하면서 "*die Gegnet*"을 사용하는데요, 명사 형태인 "that-which-regions"로 해석합니다.(Conley 1993, 138면) 존재 그 자체를 말하는 다른 이름입니다. 이것은 하이데거가 사용하고 있는 동사 "*gegnen*"에서 나왔습니다. 이 동사 *gegnen*은 무엇을 "향한"("toward") 혹은 무엇에 "맞서"("against")와 같은 움직임의 의미를 갖고 있는 전치사 "*gegen*"과 하이데거가 만든 표현 "*das Gegnende*"를 의미합니다. 그의 표현 *die Gegnet*은 하나의 어떤 것인 thing이 가지고 있는 본질적인, 결정적인 그리고 공간적인 특성을 포함하고 있습니다. 비록 "that-which-regions"가 단어로서 다소 이상해 보이지만 이것은 thing과 *die Gegnet*의 상호 관계성을 뜻하며 존재의 발생, 움직임, 열림, 확장과 같은 의미를 드러내고 있습니다.

장소는 "that-which-regions"의 독특한 표현이 의미하는 것처럼 "열림"이라는 결정적인 특징을 갖습니다. 이것은 우리와 접촉하고 있고 우리를 둘러싸고 있는 주변으로 열리는 것을 말합니다.(Heidegger 1966, 65-66면 참고) 어떤 것이 그것에 속한 지역 안에서부터 점차 확장되어 열리는(연속적으로 결부되는) 존재로서 나타나는 것을 말합니다. Thing의 존재 자체로서의 존재, thing의 확장, thing의 열린 장(場), things들의 만남 그리고 상호귀속 등으로 이해할 수 있습니다.

장소는 분명히 우리가 인식할 수 있는 것들의 공간적인 존재를 의미하는 것인데요, 부분에서 전체로 인식하는 과정으로서 회합의 의미를 지닙니다. 반대도 마찬가지입니다. 장소는 공간의 속성을 드러냅니다. 앞서 장소가 공간과 다르지 않다고 한 언급은 이것 때문입니다. 회합의 속성을 가진 장소는 공간이 열리는 것처럼 우리가 인지하는 곳에서부터 열리고 인접한 곳으로 접촉되어 확장됩니다. 그러므로 그것은 단순히 하나의 장소 그리고 지역에 속할 뿐 아니라 자신이 다른 지역으로 확장되고 있는 것을 뜻합니다. 마치 하나의 돌(암석)이 다른 암석 혹은 땅과 연결된 것처럼, 그리고 그 땅이 산과 혹은 다른 지역들로 연결되어 확장되는 것처럼, 그리고 그 지역이 하늘과 우주의 무한한 공간들 속 또 다른 것들에 열려있는 것처럼, 그렇게 열려 확장되어 존재하는 것을 의미합니다.

건축은 장소의 묶음인 건물을 만듭니다. 방이라는 장소의 집합체를 만드는 것이지요. 동시에 이것을 도시로 열리게 만듭니다. 도시의 공공장소를 만드는 데 일조하게 된다는 의미입니다. 그래서 건물은 도시의 공공장소와 건물의 사적장소를 연결하는 공간적 존재이고 매개입니다.

도시 내부의 수많은 장소 중에서 장소들의 집합체인 하나의 건물은 도시 내부를 읽기 위한 최소의 단위 그리고 장소가 됩니다. 하나의 thing인 것이지요. 이러한 장소(thing)들이 모이고 열려서 거리 혹은 광장과 같은 장소들을 만들어내며 도시를 형성합니다. 도시의 모든 장소는 하나의 방에서 거대한 도시의 방인 광장에 이르기까지 독립적으로 존재하지 않습니다. 서로에게 확장되고 귀속되며 열리고 만나게 되지요.

4

이미 주어진 장소
(Pre-given place)

이미 주어진 장소

장소는 독립적으로 존재하지 않습니다. 비록 한 장소의 특징이 다른 장소와 견주어 즉각적으로 한 부분으로 인식된다 하더라도 그것은 독립적이지 않습니다. 왜냐하면, 다른 장소와 서로 묶여 환경적인 전체성을 드러내는 구조를 갖기 때문입니다. 다른 장소를 회합시키고 있는 한 장소는 그래서 항상 다른 장소와 연결되는 열림의 의미가 있습니다. 점진적 열림은 장소의 가장 중요한 특성 중 하나입니다. 이것은 확장성을 말합니다.

자연에서 이미 주어진 어떠한 장소는 수동적인 구조의 형태로 놓여있는 것 같지만 제한되지 않는 형태를 보입니다. 이유는 장소의 특성인 확장의 연속성이 그 장소와 다른 장소를 유기적으로 연결하고 조직하여, 통합된 형태인 전체로 인식하게끔 만들기 때문입니다.

물이 모이는 웅덩이는 자연의 한 장소입니다. 이 장소는 물가 가장자리를 지나 들과 풀숲을 넘어 산으로 산맥으로 대륙으로 이어집니다. 물웅덩이가 독립적으로 존재하는 것 같아 보여도 주변의 형태들과 함께 존재하기 때문에, 대륙들이 연결된 지구라는 더 큰 영역 속에서 인지될 수 있습니다. 물웅덩이를 인지하는 감각들은 제한적이지만, 이성을 통해 이 장소를 지구 그리고 우주로 연결시켜 생각해 볼 수 있습니다. 인식의 확장이 일어날 수 있다는 것이지요. 예컨대, 우리의 시각, 촉각, 그리고 청각은 대상을 인식하는 한계가 있어서 그 웅덩이를 제한적으로 인지합니다. 우리는 물이 흐르는 소리를 듣거나, 웅덩이 주변의 풀냄새를 맡거나, 초원으로 이어지는 지역을 볼 수 있는 제한된 감각을 가지고 있습니다. 그러나 장소의 제한적 확장을 감지한 후에는 이성에 의해 더 넓은 확장이 가능해집니다. 지적 사유가 가능한 이성의 몫으로 남겨져 있는 더 먼 확장은 무한에 이르기도 할 것입니다.

그렇다면 물웅덩이가 통합된 하나의 형태인 지구를 조직하는가? 하는 의문은 장소의 확장성 때문에 하나가 우주에 연결된다 하더라도 감각에 의지해서 이해하기는 쉽지 않습니다. 이뿐만 아니라 모든 장소를 우주에 연결해서 생각해야 하는가? 하는 의문이 들지 않을 수 없습니다. 고려해야 할 확장의 영역 또는 지역은 어디까지인가? 어디까지 연결시켜 생각해야 하는가? 그렇게 해야 하는 이유는 무엇인가? 하는 의문들이 드는 것은 전혀 이상한 것이 아니지요.

우리는 거주를 위한 한 장소 혹은 장소들의 묶음인 건물을 만들 때 도시 전체, 국토/영토나 대륙 혹은 지구 전체를 고려의 대상에 넣지 않습니다. 그러나 적어도 감각의 범위 안에서 창조될 장소와 주변 지역이 동시에 고려되어야 합니다. 분명한 것은, 만들어지게 될 장소가 보다 더 넓은 범주에서 주변 지역에 어떠한 영향을 미치게 될 것인지, 주변 지역과 어떠한 관계를 맺게 될 것인지 이성, 즉 지적 사유를 통하여 고려해야 합니다. 왜냐하면, 한 장소의 형태는 다른 장소의 형태에 영향을 미치거나 혹은 서로 영향을 주고받기 때문입니다. 상호관계 속에 있게 된다는 것이지요. 구체적으로는 인접한 거리와 주변 건물이 합쳐진 일정한 구획의 블록, 블록들로 이루어진 주변 지역, 좀 더 시각을 넓힌다면 그 장소가 속한 동, 구, 도시를 단위로 하는 점진적 확장을 고려해 볼 수 있습니다.

하이데거가 사용하고 있는 용어, "a thing things"(Heidegger, Das Ding, 1950)는 열리고, 통합되고, 보존되는 이미 주어진 장소의 속성을 나타내고 있습니다. 한 장소가 다른 장소와 함께 어떻게 존재하는지 알 수 있는 대목입니다.

하이데거에 의하면, thing들은 지구, 하늘, 신, 그리고 인간이 스스로 통일되어 통합된 한 겹 혹은 한 겹으로 통일된 네 겹 속에 존재합니다.(Heidegger 2001, 175면) 이것은 장소가 열려서 확장되고 통합되지만 통합된 한 겹 속에 여전히 네 겹이 있는 각각의 속성이 보존되어 있는 것을 의미하고 있습니다. 재미있는 것은 thing이 전혀 다른 비물질적인 것을 의미하고 있다는 점입니다. 하이데거는 한 겹으로 통합될 수 있는 각기 다른 네 겹의 thing들을 설명하면서 하나의 겹으로 존재하는 비물질적인 thing, "신"("divinities")을 포함시켰습니다.

마이스터 엑카르트(Meister Eckhart)[1)]는 thing을 신과 영혼을 가리킬 때 사용하였습니다. 그에 의하면 신은 "가장 고귀하고 가장 높은 곳에 있는"("highest and uppermost") thing이고 영혼은 "위대한"("great") thing입니다. 하이데거가 말하는 "divinities"는 마이스터 엑카르트의 thing에 대한 생각에 기대고 있습니다. Thing이 비물질을 내포하고 있다는 점을 알 수 있고 하이데거가 비물질인 신을 thing에 포함시킨 이유를 알 수 있는 대목입니다. 신과 영혼은 질료를 가지고 있는 thing들과 분명히 다르지만, 다른 물질들을 회합시키고 있는 thing과 함께 '근본적으로 하나 됨' 속에 있습니다. 결국 이것은 비물질적인 thing들과 물질적인 thing들이 하나(a thing)로 회합되는 것을 의미하는 것이지요.

하이데거에 기대어 다시 말하면, 비물질적인 thing들은 "divinities"이고 물질적인 thing들은 "matters"입니다. 그리고 둘은 "a thing"에 속합니다. 신(divinities)은 네 겹 중의 하나이고 물질(matters)은 세 겹인 지구, 하늘, 그리고 인간을 포함하고 있는 한 겹으로 생각해 볼 수 있습니다. 물질로 이루어진 한 겹은 세계, 즉 만물을 의미합니다. 신과 만물이 하나의 세계 속에 존재한다는 것이지요.

하나의 thing은 가만히 들여다보면 노자의 도 개념과 무관하지 않은 것 같은데요, 도가 하나를 낳고(도道 생生 일一), 하나가 둘을 낳고(일一 생生 이二), 둘은 셋을 낳는다(이二 생生 삼三). 그리

---

1) Eckhart von Hochheim은 흔히 Meister Eckhart (1260-1327)로 알려져 있는 독일의 신학자이며 철학자이고 신비주의자입니다.

고 셋은 만물을 낳는다(삼三 생生 만萬물物).[2] 도가 만물로 이어지는 혹은 만물이 하나에 그리고 도에 연결되는 이 구조는 하나가 전체의 세계와 이어져 있다는 의미로 읽힙니다. 이 개념이 말하고 있는 것은 하이데거가 thing의 의미를 통합으로 해석하는 것과 유사한 점이 있습니다. 하이데거는 세계를 땅과 하늘 그리고 신과 인간이 "하나인 네 겹"("a fourthness") 그리고 "통합된 하나"("the onefold of their self-unified fourfold")로 이해하는데요, 하나의 세계(a thing)를 강조하고 있습니다.

이것은 thing들이 하나의 세계 속에서 존재하고 하나의 세계는 thing들과 연결되어 있다는 것을 말합니다. 하나가 만물과 결부되어 있고, 만물은 하나로 연결되어 있다는 것이지요. 이것으로부터 세계를 인지할 수 있고 이해할 수 있습니다. 앞서 언급한 장소의 속성처럼 하나의 thing은 그것으로부터 물질세계의 만물을 확장하며 인식할 수 있습니다.[3]

우리는 어느 한 길로 나섰고 다른 길로 들어서서 어디론가 갔다가 돌아와 여기 있는 것인데요, 하나의 길이 다른 길로 이어져 있고, 다른 길은 또 다른 길로 이어져 있기 때문입니다. 이런 길들이

---

2) "Tao gave birth to 1 (Tao-sen-yit), 1 gave birth to 2 (Yit-sen-ri), 2 gave birth to 3 (Ri-sen-sam), 3 gave birth to 4 (Sam-sen-wan-wut or 10,000 things), and the 10,000 things carry (1) Yin on the back and hold, (2) Yang in the arms, and these two produce, (3) Harmony, or the living principle, and, these three together constitute (4) the world; in other words Yin, Yang, Harmony, and the world also constitute a fourfoldness."(Bjerregaard 1912, 171면)

3) 우리는 모두 각자가 있는 곳에서부터 주변 지역, 도시, 나라, 지구, 심지어 우주를 설명할 수 있습니다. 이 순간 우주의 중심은 각자가 됩니다. 장소는 상대적인 것들이 존재해야 인식할 수 있는 것이라고 앞서 설명했듯이, 각자가 바로 우주의 한 지점(중심)이 되어, 이 중심으로부터 다른 상대적인 것들을 설명할 수 있으며 또한 이해할 수 있습니다.

서로 만나 교차로도 만들고 작은 혹은 큰 공터를 만들기도 하며 공원과 광장을 만들어내기도 합니다. 교차로, 광장 그리고 공원은 다른 성격이긴 하지만 길에 연결되어 있는 것이고 길에서 나온 동질의 장소입니다. 도 사상처럼 모든 것이 이 길에 연결되어 있습니다. 분명히 이 길과 저 길은 다른 길이지만 서로에게 배타적이지 않고, 적대적이지 않으며, 대립적이지 않습니다. 항상 열리고 확장되고 연결되어 하나로 통합됩니다.

수십 갈래로 이어진 골목길이 하나의 큰길로 연결된 것처럼 길은 하나에서부터 시작됩니다. 한 길이 다른 길에 열려있어 항상 연결되고 통합됩니다. 하지만 각 길의 특성은 변하지 않습니다. 그 속성을 그대로 갖고 있지요. 이것이 열리고, 통합되고, 보존되는 장소의 속성입니다. 예컨대, 집 앞 골목이 대로변 차로와 만난다고 하여 때때로 아이들이 술래잡기하며 노는 골목의 특성이 변하지는 않습니다. 새롭게 만들어져서 본래의 특성이 사라지거나 변화되지 않는다면, 그 골목길은 그 속성 그대로이고, 아이들이 어린 시절을 보냈던 시간을 고스란히 간직하게 되며, 오랫동안 변하지 않는 옛 추억이 담긴 장소로 남겨지게 됩니다.

인류 역사의 서막에 거주가 시작되면서 이미 주어진 자연환경 속에서 분명 거주를 위해 길들은 만들어졌습니다. 인류가 만든 가장 최소의 장소인 방과 주변 장소들을 잇는 통로로서의 길(거리)은 이곳에서 저곳으로 다니면서 누적되어 자연스럽게 만들어졌습니다. 이를테면, 거주의 장소로부터 사냥을 나가고 돌아오면서 누적된 흔적은 이동의 장소인 길입니다. 거리이지요. 또한 이곳에서 저

곳으로 이동하기 위한 목적으로 만들어졌습니다. 서로를 연결하기 위해 의도적으로 만든 확장의 장소인 것이지요.

거주지와 사냥터 사이에 자연스레 만들어진 길 그리고 거주지와 이웃 거주지 사이에 의도적으로 만들어진 길은, 익숙하고 안전하며 찾기 쉬운 짧은 경로이기 때문에 길을 잃을 위험이나 다른 동물들로부터의 위협 그리고 도착 소요 시간의 지연을 예방할 수 있었을 것입니다. 전자이든 후자이든 관계없이 수십, 수백, 수천 갈래 길들은 분명 하나의 장소에서 시작하여 수많은 다른 장소들과 연결되어 끊임없이 만들어졌습니다. 이렇게 만들어진 길들은 서로 만나 너른 어울림의 장소, 음식을 함께 나누며 잔치를 벌이는 장소, 탄생 혹은 결혼을 축하하기 위한 축제의 장소, 죽음 혹은 죽은 이들을 애도하거나 기리기 위한 장소와 같은 광장을 만들어냈습니다. 어떤 것들의 만남과 헤어짐이 일어나고, 사건이 발생하고 전개되는 장소의 본질을 보여주는 것이지요. 이것은 도시에 반드시 필요한 공공장소로 남게 됩니다.

요컨대, 도시는 이미 주어진 장소 위에서 끊임없이 새롭게 만들어진 장소들이 모여서 이루어집니다. 한 장소가 독립적으로 존재하지 않는 것처럼 창조된 장소역시 그렇습니다. 거주를 위한 최소의 장소 방, 이를 잇는 장소 거리, 이들이 만나는 장소 광장 혹은 공원은 서로 각자의 특성을 가지면서 동시에 하나로 연결됩니다. 자연 상태의 장소 위에서 하나로 연결되는 창조된 장소들의 회합과 통합 이것이 도시인 것이지요.

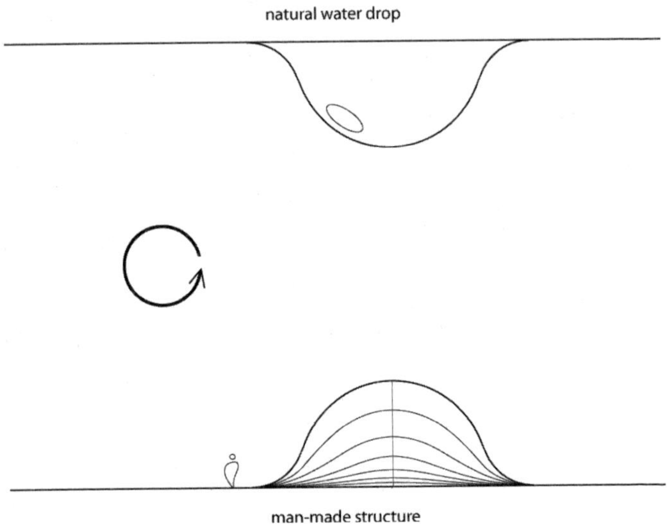

자연과 창조

5

자연의 장소와 창조된 장소 (Natural place and man-made place)

자연의 장소와 창조된 장소

도시는 창조된 장소입니다. 그것은 이미 주어진 자연의 장소 위에 창조된 수많은 장소로 이루어집니다. 하지만 자연의 장소가 완벽히 창조된 장소로 바뀐 상태를 의미하지는 않습니다. 지속해서 전자가 후자로 변하는 과정을 겪습니다. 그리고 이 변화의 과정이 소위 도시발전이라고 부를 수 있을 것입니다. 다르게 말하면, 장소의 변화가 도시의 움직이는 풍경입니다. 이 움직이는 풍경은 거주의 질 향상을 향해 움직입니다. 더욱 나은 장소를 창조하기 위해서 말이지요. 그래서 창조된 장소는 공동체의, 공공의, 개인의 거주를 위한 기본욕구에서 비롯됩니다. 편리, 편안, 혹은 안락을 추구하기 위해서 자연의 장소를 변화시키는 것입니다.

중요한 사실은 순수했던 인간의 욕구가 불순한 욕망으로 변질되어서 도시에 나타나고 있다는 점입니다. 변질된 욕망에 의해 바꿔고 있는 도시의 모습은 그렇게 최근의 일이 아닙니다.

욕망이 창조해낸 도시, 도시는 우리의 그릇된 욕망이 만들어 낸 회색빛 거대한 덩어리로 존재하고 있습니다. 우리가 토해내고 있는 욕망의 풍경, 이것은 누군가에게는 낯설지만 대다수에게는 그렇지 않을 것입니다. 거주의 가치와 삶의 질 향상이 제거된 물질문화는 도시의 소단위를 창조하는 건축과 도시 계획에 담겨있는 인류학적 가치를 위협해오고 있습니다. 이런 추세는 오히려 시각적 유희를 쫓아 자극적인 외형만을 중시하는 물질문명의 폐해를 가속화하지 않았는지 되물어봐야 할 것입니다. 향기 없는 꽃은 아름답지 않은 법이지요.

본디 도시는 거주를 위한 "순수한 욕망"에서 비롯되었습니다. 이로부터 인간 삶의 세계는 만들어지게 됩니다. 기본적인 환경 위에서 거주를 위한 근본적인 그리고 순수한 발현으로 도시는 시작되었습니다. 그러나 이 순수한 욕망이 어떻게 변질되어 나타나고 있는지 눈을 들어 주위를 둘러보면 곧바로 알아차릴 것입니다. 도시는 과격하게 변질된 욕망이 터져 나와 만들어진 거대한 욕망의 덩어리, 욕망의 장소라고 하면 너무 과한 것일까요?

순수한 욕망, 즉 거주 장소의 결여로서 오는 욕망은 더 이상 도시에 참된 거주의 장소를 창조해내지 못하고 있습니다. '잃어버린 것의 획득'이라는 플라톤의 상기론[1)]은 폐기되었으며, 들뢰즈의

1) 플라톤은 우리가 무언가를 이해하고 알게 되는 것은 사고에 의한 것이 아니라 우리의 영혼에 이미 주어진 무언가를 떠올리는 것이라고 하였습니다. 그에 의하면, 아이들이 꽃을 보고 본능적으로 아름다움을 느끼는 것은 아이의 영혼이 이데아의 세계에 머물렀을 때 보고

욕망이론의 세 가지 개념 중 하나인 비인격적인 "욕망하는 기계"로 도시는 변했습니다. 이 기계는 창조나 생산 자체가 사명이고 생산이 자기 원인이며 자신을 끊임없이 재생산하는 것인 "생산하는 욕망"(Deleuze/Guattari 1972, 14면) 그 자체로 생각하면 비약일지 모르겠으나 동의하기 힘들지는 않을 것입니다.

욕망의 도시는 어쩌면 우리를 자크 라깡(Jacques Lacan, 1901-1981)의 욕망의 윤리로 이끌지도 모르겠습니다. 도시는 욕망의 만족을 위해서 존재합니다. 왜냐하면, 결여된 것으로부터 오는 욕망은 욕망의 대상인 결여된 것을 획득하기 위한 목적을 향해 있기 때문입니다.

거주의 장소 없음은 욕망의 원인이고 이 장소의 창조는 거주를 향한 욕망입니다. 여기서 실제(實際)인 거주 장소 부재의 현실과 그것의 결여로부터 오는 욕망이 순수한 욕망의 실재(實在)로 이어집니다. 거주를 위한 장소의 창조(대상 획득)로 이어지는 것이지요. 그러나 순수한 욕망은 사라진 지 오래고 반윤리적인 욕망의 실제(정치, 자본, 권력 등의 결여로부터 오는 욕망)만이 남은 듯합니다.[2)]

알았던 아름다움을 떠올렸기 때문입니다. 인간의 탄생은 이데아의 세계에 존재하는 영혼이 육체 속으로 들어오는 것인데, 이때 영혼은 망각의 강을 건너오지만 이데아의 세계에서 머물렀던 일을 완전히 잊지는 않습니다. 상기론은 우리가 어떤 사물을 보는 순간 기억 속에 내재된 그것을 떠올리면서 알게 되는 것을 말합니다. 플라톤의 상기론에 기대어 강조하고 싶은 점은, 우리는 어떻게 살아가야 하는지 이미 알고 있습니다. 그것을 잊고 있을 뿐이지요. 이미 알고 있는 거주의 가치를 회복해 가는 것 그 과정이 절실하기 때문에 무엇보다 바른 거주의 가치가 무엇인지 떠올려 보아야할 것입니다.

2) 목적과 목표는 구분할 필요가 있습니다. 욕망의 대상 획득이 곧 욕망의 목적이지 않습니다. 그것은 욕망의 목표일뿐입니다. "활쏘기에서는 목표가 목적은 아닙니다. 목적은 당신이

욕망의 실제는 대상의 획득으로 이어집니다. 대상은 욕망의 원인인데요,(Lacan 1973, 153면 참고) 대상의 부재로 인해 대상을 획득하려고 하는 것이 욕망입니다. 그러나 욕망의 대상을 획득하는 것 그 자체는 욕망의 목적이 될 수 없습니다. 그것은 욕망의 목표입니다.

욕망은 타자의 존재를 부정하고 소멸시키는 반윤리적이고 파괴적인 그것과 구분하여야 합니다. 그래서 순수한 욕망의 실재가 공동체, 공공 그리고 개인의 거주 가치와 함께 발현되어 도시 속 거주의 풍경이 되어야 합니다. 이 속에서 거주하는 것이야말로 순수한 욕망의 목적입니다. 그렇지만 비인격적이고 반윤리적인 욕망 때문에 현재의 도시는 순수한 욕망이 만들어낸 풍경과는 거리가 멉니다.

도시의 본질은 그릇된 욕망을 제거해 순수했던 욕망과 마주할 때 선명해집니다. 거기에 우리가 희망하는 인문주의의 그리고 거주의 가치가 있기 때문입니다. 창조된 장소인 도시는 본래 이런 것이야 합니다. 주어진 자연의 장소 위에 인류학이 묻어 있는 정신의 물질적 발현으로 도시의 창조가 진행되어야 할 것입니다.

명중시킨 새가 아닙니다. 목적은 명중시킴으로써 점수를 얻는 것입니다. 그렇게 점수를 얻음으로써 목적은 달성됩니다."(Lacan 1973, 163면) 궁술시합에서의 목표가 새(새를 맞추는 것)이지만 그것의 목적은 활쏘기를 통하여(새를 맞춤으로써) 점수(만족)를 얻기 위함입니다. 욕망의 대상은 획득해야 할 목표와 같은 것입니다. 그러므로 욕망의 목표는 거주 장소의 획득이고 욕망의 목적은 획득된 장소에서 거주하는 것입니다.

도시, 자연의 장소 위 창조된 장소

물질로 이루어진 우리 인간은 물질로 이루어진 thing들과 다르지 않습니다. 우리는 thing들과 함께 존재하며 또한 thing들 속에서 거주하고 있습니다. 이미 주어져 있는 객체로서의 존재와 그것에 어떤 의미를 부여하는 주체로서의 존재가 그 차이일 것입니다.

인류 역사가 시작되고 거주가 발생한 이후 줄곧, 인간은 감각과 지적 사유를 통해 thing들에 각각의 특성에 맞는 이름을 부여해왔습니다. 장소 역시 마찬가진데요, 장소의 특성에 의해 그 이름은 결정되고 부여되었습니다. 이뿐만 아니라, 자연의 장소 위에 거주의 목적에 맞게 새로운 장소를 창조하며 본래 장소의 특성을 변화시키기도 하고 이미 부여받은 장소의 이름을 바꾸기도 하였습니다.[3] 이것은 인간이 거주를 위해 천연 그대로 주어진 자연의 장소를 경작하고, 더 나은 삶을 위해 그 장소를 변화시키면서 새로운 특질을 부여해 왔다는 것을 말합니다. 창조된 장소는 그래서 자연 그대로 있는 것에 더해 또 다른 의미를 부여받게 되는 것으로 변화를 겪습니다. 도시의 장소는 이 변화의 과정에 의해 만들어진 것입니다. 다시 말해, 도시는 이미 주어진 환경의 조건 위에 인간이 거주하기 위해 그 장소가 가지고 있는 특성을 유지해 가면서 혹은 바꿔가면서 변모시키고 있는 상태를 말합니다. 도시가 주어진 환경 속 자연의 장소와 지속적으로 관계를 맺게 된다는 의미입니다.

자연 속 장소는 수동적으로 이미 주어져 있지만 다른 장소에 열려있고 지속적으로 인접한 것들과 접촉하는 형태로 전체를 "향해" 통합되어 인식됩니다.[4] 이것은 감각과 지각에 의한 것입니다. 감각과 지각을 통해 인지할 수 있는 장소들은 거실이나 침실과 같은 방들, 건물들, 건물들 사이 공간들, 넓은 지역의 풍경들, 정착지들(도시나 마을), 여러 나라의 영토들, 대륙들, 그리고 이러한 것들이 전체로서 하나의 장소에 속하는 지구가 있습니다.

---

3) 도시는 수많은 장소의 묶음으로 이루어지므로 이미 부여받은 장소의 이름들 중에서 우세한 장소의 특징이 도시를 대표해서 오랫동안 도시의 이름으로 남겨지게 됩니다. 그렇지만 장소의 이름이 도시의 이름으로 영구히 남지는 않습니다. 서울만 하더라도 그 명칭이 여러 번 변했습니다. 예컨대, 고려 시대 삼각산 아래 지역이 제왕(帝王)의 도읍이 될 만하다 믿어 남경(南京), 조선 시대 때는 큰 성이라는 의미로 한성(漢城), 일제 강점기 때는 경성(京城), 그리고 해방 이후에는 서울로 이름이 바뀐 것을 보면 잘 알 수 있습니다. 하지만 분명한 것은 도시 이름의 시작은 장소의 이름에서 시작합니다. 산이 가마솥 같아서 붙여진 부산(釜山)이나 큰 밭을 의미하는 한밭의 대전(大田)은 장소의 특성을 나타내는 이름들입니다. 더 작은 영역에서 장소의 이름은 장소의 특징이나 의미와 무관하게 붙여지기도 합니다. 아메리카와 유럽의 많은 도시에서 볼 수 있듯이 성인의 이름을 딴 거리는 장소의 특징과 무관하게 지어진 것입니다.

4) 하나의 장소인 방이 건물을 넘어 거리로, 광장으로, 도시 전체로, 다른 지역으로, 대륙으로, 마침내 지구라는 거대한 하나의 장소로 인식하게 되는 점진적 확장의 인식.

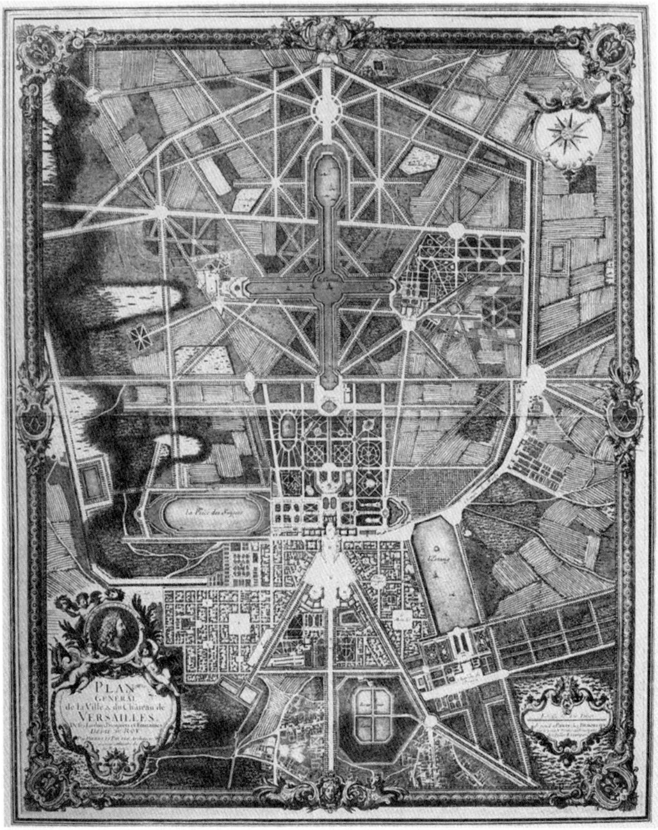

18세기 베르사유 계획도

크기나 영역을 점차 확장해나가는 일련의 과정 혹은 반대로 축소하는 과정에서 수많은 장소를 인지할 수 있습니다. 이 일련의 과정은 "환경적인 단계들"(Norberg-Schulz 1980, 16면)로서 마치 노자의 도 사상처럼 혹은 하이데거의 "a thing things"처럼 점진적인 회합과 닮았습니다. 이 환경적인 단계들은 주어진 자연의 장소에서부터 인간이 만든 최상위 단계에 있는 장소까지를 말하는데, 이 구조는 도시의 구조와 동일합니다. 그래서 도시의 구조는 장소가 조직되고 이것에 의해 드러나는 체계와 문양이라고 할 수 있습니다.

도시는 자연에 주어진 장소의 특성과 의미를 이해하고 받아들이면서 궁극적으로 거주를 위해 그것들을 물질화하고 형태화한 장소들의 집합체입니다. 그래서 창조된 장소는 자연의 장소와 무관하게 존재하지 않습니다. 그렇지 않다면 언급하였듯이 거주의 가치 말고 다른 가치에 영향을 받은 것입니다.

올바른 건축, 도시, 국토/영토 계획은 자연의 장소가 가진 특성과 의미만큼 만들어질 장소 역시 의도된 특성과 의미를 갖게 해야 합니다. 반드시 거주의 가치 위에 그렇게 만들어야 합니다. 자연의 장소가 품고 있는 가치 위에서 거주를 위해 만들어진 장소가 의미심장한 함의를 갖고 있다면, 그 도시는 거주하기에 적합한 도시일 것입니다. 우리의 도시가 과연 거주하기에 적합한가 한번 생각해 볼 필요가 있습니다. 그렇지 않다면 거주의 가치를 압도하는 무언가 다른 가치들이 있기 때문일 것입니다. 이미 신이 되어 버린 자본이 그것 중에 가장 큰 것이겠지요.

건축 그리고 도시

최초의 건축은 필시 인간의 거주를 위해 이미 주어진 장소의 특징들과 의미들을 발견하고 최적화하여 물질화한 것이 분명합니다. 장소가 가진 특성을 시각화하는 이 행위는 인간이 주어진 장소 위에 거주하기 위해 노력했던 시도이고 기본 욕구의 표출입니다. 근본적으로 장소의 특성이나 의미를 발견한 후, 그곳 위에 거주를 위한 의미 있는 장소를 창조하는 것이 건축입니다. 그곳에서부터 인간은 최적의 삶을 시작할 수 있었을 것입니다. 하이데거나 노르베르그-슐츠가 말했듯이 "장소는 건축의 한 부분을 차지합니다." (Heidegger 2001, 146면 그리고 Norberg-Schulz 1979, 6면)

장소의 특성은 우리에게 영향을 줍니다. 개인, 공공, 공동체를 위한 거주에 영향을 주는 것이지요. 이런 점에서 장소의 특성과 의미를 파악하는 것은 건축 행위의 시작점이고 좋은 건축을 하기 위한 가장 중요한 작업 중에 하나입니다.

동대문디자인플라자가 비판받는 가장 큰 이유 중에 하나가 장소의 특성과 그것이 품고 있는 의미를 고려하지 않았다는 점입니다. 이것이 비판의 근거이지요. 비정형의 형태 그것의 시각적인 유희는 자하 하디드(Zaha Hadid, 1950-)가 즐겨 쓰는 건축 언어인 비정형의 형태에 머무는 것이지 형태 너머에 있는 땅이 가지고 있는 의미, 역사성과 문화성으로 이어지지 못합니다. 기본적인 장소의 특성과 의미를 생산하지 못하는 것이 사실이지요. 장소의 가치를 생산하지 못하는 이 공공건물은 형태의 새로움이라는 하나의 시각적 유희의 가치를 제외하고는 그 장소가 품고 있는 여러 층위의 함의를 형태화하고 있지 못합니다. 장소에 담긴 특성과 의미들을 잃고 있을 뿐만 아니라 장소와 형태 사이의 이질적인 관계를 만들어내고 있습니다. 아쉬운 일이지요.

거주의 질을 향상하기 위한 물질화 행위 전에 고려해야만 하는 것은 장소입니다. 전제조건이지요. 이것의 고려와 함께 물질화된 건물은 장소에 담긴 물리적이고 감각적인 속성들뿐만 아니라 그것들 너머에 있는 내용물을 느끼거나 경험할 수 있는 가능성을 제공할 수 있습니다.(Jackson 1994, 157면 참고) 그러나 동대문디자인플라자는 시간의 형태 속에 물질문화로 남겨져 보이지 않는 우리의 역사와 정신문화를 제대로 전달해줄 수 있는 가능성을 실현하지 못했습니다. 그릇된 욕망의 발현인 덩어리일 뿐이지요.

이런 점에서 창조된 장소는 도시의 역사와 문화 그리고 삶과 따로 분리될 수 없다는 것을 보여주고 있습니다. 이것은 도시의 장소 어디에서나 관찰되어야 합니다. 그러나 사실 모든 실체화는 형태가 내용(의미)을 압제하는 폭력의 가능성을 내포하고 있습니다. 존재를 구체적으로 구성하고 있는 형태는 의미에서 비롯되는 것이지만, 상대적으로 형태에 비해 의미를 비본질적으로 보는 경향이 있습니다. 그렇게 가정하더라도 의미는 강력한 힘을 가집니다. 왜냐하면, 시각적인 형태는 비물질적인 의미에 기반을 두고서만 존재하고 물질화될 수 있기 때문입니다. 의미는 오직 형태를 통해 발산되는 것이지요. 그렇지 않으면 형태는 무의미합니다. 그래서 형태는 의미를 경유해서 나타나야만합니다. 이를 통해 우리는 마침내 실제를 향한 욕망에 도달할 수 있을 것입니다. 그러므로 형태는 의미에 대해 파괴적으로 나타나서는 안 됩니다. 도시나 국토/영토에 만들어지는 모든 형태 역시 마찬가지입니다. 쉽게 말해, 투사의 작업으로 만들어지는 형태(건물, 장소, 거주의 요소 등)는 장소가 가지고 있는 특성과 의미를 담고 있어야 합니다.

도시의 장소에 누적되어 켜켜이 싸여있는 가치를 유지, 보존, 발전시키려고 하지 않고 매번 새로운 형태를 추구하거나 고집한다면, 포스트모더니즘이 보여줬던 깊이 없는 형태들로 둘러싸인 도시 속에 우리는 거주하게 될 것입니다. 이것은 박물관이나 미술관에 가서 조각이나 그림을 시각적인 형태의 요소만으로 즐기는 것과 다르지 않습니다. 이것을 마치 예술을 향유하고 있다고 생각한다면 이것만큼 어리석은 일도 없겠지요.

예술의 형태가 의미를 전달하려는 궁극적인 목적을 갖는 것만큼, 거주를 위해서 만들어지는 형태들은 그 장소의 고유한 특성과 의미가 함께 담겨 창조되어야 할 것입니다. 도시의 장소는 이렇게 창조된 장소이어야 합니다.

6

제누스 로치
(*Genius loci*)

제누스 로치

건축과 도시 그리고 국토/영토 계획은 거주의 가치를 향상하기 위한 쉽지 않은 작업임에 틀림없습니다. 왜냐하면, 이것은 공간적 존재인 우리와 장소를 에워싸고 있는 주어진 환경, 상황, 조건, 문제들을 분석하고 이해하며 숨어있는 의미를 찾아낸 후 새롭게 등장할 형태에 그것을 내재시키는 작업, 그래서 현재 상황보다 향상된 삶의 가치를 창조하는 예술 작업이기 때문입니다.

이 작업은 장소에 새로운 의미의 형태를 부여하는 것입니다. 여기서 장소는 가장 먼저 파악되어야 하는 일의 시작입니다. 장소를 살피고 감춰진 의미를 파악하는 것은 새롭게 만들어질 의미의 형태를 구상하기 위한 배경 지식이 되고, 초기의 생각을 형태화하고 발전시키는 데 중요한 자료가 됩니다. 이렇게 만들어지는 형태는 거주에 가장 적합하고 친숙하며 향상된 가치를 발생시킬 수 있

습니다.[1]

문제는 작업의 시작점이 되는 장소의 이해 그리고 이 장소에 숨겨진 의미 또는 가치를 어떻게 파악할 수 있을까? 하는 의문을 던지지 않을 수 없습니다.

장소는 만져서 혹은 봄으로써 알아차리기 쉬운 성질의 것이 아닙니다. 그 속에는 다소 복잡하고 이해하기 쉽지 않은 의미가 있습니다. 장소는 감각에 의해 인식할 수 있는 형태와 지적 사유를 거쳐 파악할 수 있는 특성으로 이루어져 있습니다. 형태와 형태 속에 내재된 특성은 이미 주어진 것입니다. 이것을 *genius loci*(제누스 로치)라고 합니다. 감각의 문과 지성의 통로를 통해 제누스 로치를 이해할 수 있습니다.

라틴어 제누스 로치는 영어로는 'the presiding god of a place', 'the spirit of a place', 'the protective spirit of a place', 'the prevailing character of a place', 'the atmosphere of a place' 혹은 'the sense of a place'라고 하는데, 땅의 수호신, 영혼, 분위기, 기풍 등을 말합니다. 이것을 간략하게 장소성이라고 말할 수 있습니다.[2] 장소가 유발하는 감각적 반응 그리고 그것이 가지고 있는 특성입니다.

제누스 로치는 장소에 붙어있는 부착물 혹은 어떤 것들의 속함입니다. 속함은 장소의 형태와 그것이 품고 있는 어떤 것으로서 감각에 의해 인지되는 느낌이나 감정을 말합니다. 동시에 지적 사

1) 거주의 가치를 향상시키는 것이 건축, 도시, 국토/영토 계획 본연의 소임입니다.

2) 건축과 도시 그리고 국토/영토 계획에서 이 장소성의 중요함은 1970년 이후 현상학을 바탕으로 쟁점화 되기 시작했고, 여전히 중요한 쟁점이 되고 있습니다.

유를 통해 파악할 수 있는 내용물입니다. 이것은 다른 장소들과의 관계 속에서 이해되는 독특한 성질과 의미입니다. 느낌이나 감정은 장소의 형태에 대한 감각적 반응이고, 내용물은 장소에 속해 있는 의미의 형태에 도달하는 의식(意識)입니다. 이 속함(느낌/감정/내용물)의 반응과 의식은 앞서 언급했듯이, 작게는 건축, 크게는 도시 그리고 국토/영토 계획에서 가장 먼저 파악되어야 할 작업입니다.

건축, 도시, 국토/영토 계획은 자연 속 이미 주어져 있는 장소 혹은 이미 창조된 장소 위에 거주를 위해 어떠한 것을 만드는 투사의 작업인데요, 만약 이러한 작업이 주어진 장소의 특성, 의미, 조건, 상황 등을 고려하지 않고 다른 가치에 의해 진행된다면(예컨대, 자본) 질 나쁜 창조의 작업은 피할 수 없게 됩니다. 가치 지위가 변하게 되는 것이지요. 투사의 작업들은 반드시 장소에 속해 있는 감각적 반응과 의식에 의해 진행되어야 하며 형태 작업이 이루어져야 됩니다. 이렇게 될 때, 새롭게 부여될 의미의 형태가 더욱 나은 거주의 가치를 발생시킬 수 있습니다.

제누스 로치(장소성)는 장소에 묻혀있는 보물입니다. 방, 건물, 거리, 광장, 그리고 도시는 보물이 묻혀있는 장소들입니다. 제누스 로치를 물질화 혹은 형태화하는 것은 장소에 묻혀있는 보물을 발굴하는 작업과 다르지 않습니다. 장소가 품고 있는 가치를 드러내는 것이지요. 이 가치는 보석과도 같은 것입니다. 하지만 이것은 거주의 질을 향상하려는 목적이 이루어졌을 때만 빛이 납니다. 그래서 거주하기 좋은 도시는 보석이 전시된 박물관과 같습니다. 왜냐하면, 이런 도시는 각각의 제누스 로치가 다양하게 형태화되어 나타나기 때문입니다. 그러나 개발이 가져다준 자본의 가치가 물질로 치환되어 온 도시의 풍경 속에서, 장소성이 반영된 형태가 가져다 줄 수 있는 거주의 가치를 우리는 알아차리지 못하고 있는 것 같습니다.

Architecture/건축은 으뜸이 되는 건물을 짓는 것을 말합니다. 그것은 장소에 묻혀있는 보물들을 파내어 보존하면서 거주의 질을 향상하려는 의미가 내포되어 있습니다. 으뜸이 되는 건물을 짓는 것이 아니라 해도 건물을 짓는 것은 그 목적과 기능에 맞추어 한 장소에 또 다른 의미의 장소를 만드는 것을 말합니다. 주어진 장소를 잘 살펴서 그 장소가 가지고 있는 어떤 것들의 속함 위에, 새로이 들어설 의미의 형태(건물)를 창조하는 것을 뜻합니다.

그러나 단순하게 건물을 지을 그 장소만을 고려해야 한다는 것은 아닙니다. 주변으로 열리는 장소의 본성 또한 고려되어야 합니다. 건축 혹은 도시와 관련한 작업들은 그래서 단순히 그것 자체로만 만들어지는 것이 아니며 그래서도 안 됩니다. 제누스 로치와 주변으로 열려있는 환경이 고려되어야 합니다. 이 작업들은 하나의 집이 거실 혹은 방이라는 다양한 장소들과 함께 연결되어 전체를 이룬다는 단순한 사실을 인식하는 것에서부터 시작되어야 합니다.

대문은 도시와 집(건물)을 잇는 경계이고, 집 한가운데의 거실은 가족들이 모이는 곳이고, 각자의 방은 거실로부터 흩어져 보다 사적인 성격을 갖게 되는 곳이며, 이곳의 창은 다시 공적인 성격의 도시 내부의 상황과 접촉하게 된다는 것을 알아차린다면, 집(건물)은 결코 광활한 바다의 외딴 섬과 같이 도시와 따로 떨어진 섬으로

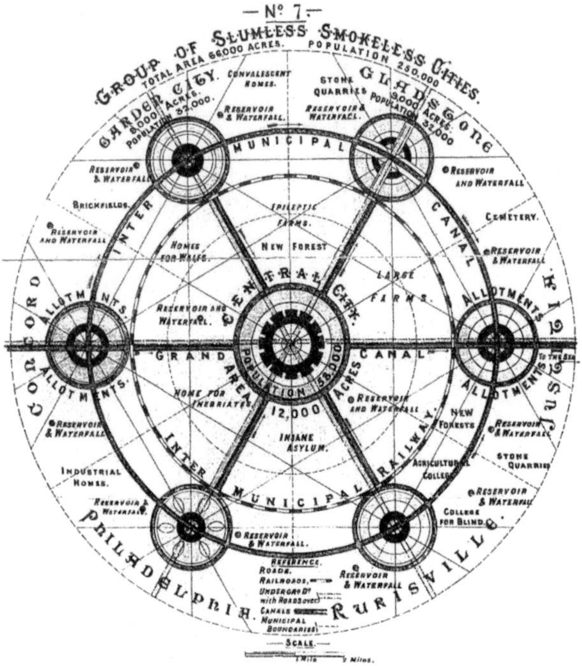

에버니저 하워드(Ebenezer Howard), 무빈민가 무매연 도시들의 그룹(Group of Slumless Smokeless Cities)에 관한 도해, 1898.

만들어질 수 없을 것입니다. 그래서 건축, 도시, 국토/영토 계획은 공간 속에 하나의 독립된 섬을 만들어내는 것이 아니라, 공간 속 수없이 접촉하고 연결되는 섬을 만들어내는 것이어야 합니다.

존재는 존재들 속에서 존재합니다. "어울림은 아주 먼, 어느 곳에서든, 모든 것들 속에서 그것의 기점들을 갖습니다."(Le Corbusier 1991, 77면) 르코르뷔지에(1887-1965)는 노자가 설파하고 있는 도의 확장과 하이데거가 기술하고 있는 장소의 열림을 알아차린 것 같습니다. 이것은 또한 여러 존재 속에서 자기 존재를 인식하는 대자적인 존재를 연상시킵니다. 그래서 즉자적대자처럼 중층적으로 매개되어 있는 존재들의 인식으로 확장될 수도 있을 것 같습니다. 그것은 어울림(조화)이 유지된 상태를 뜻하고 있습니다. 이 어울림의 상태가 깨졌을 때 하나는 둘을 생산해 낼 수 없고, 한 장소는 다른 장소로 확장되지 않으며, 대자의 존재는 타자의 존재를 없이하는 즉자의 존재가 될 것입니다.

장소의 형태, 제누스 로치, 현상 그리고 시간

주어진 장소 위에 창조된 장소로서 존재하는 집, 마을, 도시는 온갖 종류의 형태들 이를테면, 크기, 질료, 질감, 색 등으로 이루어져 있습니다. 이러한 형태들은 장소가 품고 있는 특성과 의미를 전달해줍니다. 그래서 느낌, 감정, 인식이나 의식을 결정짓는 기점으로 작용합니다. 어떤 것에 반응하는 것과 어떤 것을 경험하는 것은 형태라는 기점으로부터 야기됩니다. 그래서 현상은 장소의 형태인 기점에 근거를 두고 있습니다.[3)]

3) "한 장소 안에서 하나의 기점을 정하는 것은 세계를 바라보기 위한 안전하고 확실한 시점을 갖는 것, 어떤 것들의 질서 속에서 그것의 분명한 지위를 파악하기 위한 것, 어느 장소에 대한 특별히 중요한 정신적 심리적인 애착을 갖는 것을 의미합니다."(Relph 1976, 38면) 게다가 장소는 "인간과 시간의 연속성 사이에 공유된 경험의 기반"을 제공합니다.(Crang 1998, 103면) 그것은 그래서 장소의 속성뿐만 아니라 "인간의 의도와 경험"의 속성들 또한 표출합니다.(Ibid., 47면)

창조된 장소는 기점(주어진 장소의 형태)에 대한 현상(우리의 반응과 경험)이 고려되어 거주의 가치를 담아 낼 수 있는 새로운 형태로 만들어집니다. 쉽게 말해 주어진 장소의 형태에 속한 것(속함)을 내부화하여 이를 바탕으로 의도된 의미의 형태로 외부화(투사)한 것을 말합니다.

도시는 각각 다르게 창조된 장소로 구성되어 있어서 현상은 각각의 장소에 따라 다르게 나타납니다. 다르게 말하면, 다양한 현상이 도시의 삶을 구성합니다. 이 다양한 현상은 다양하면서 구체적인 현상을 말하는데요, 그래서 도시는 구체적인 삶의 형태들이 집결한 장소라고 할 수 있습니다.

제누스 로치는 1970년대 인간의 삶이 장소에 묶여 있다는 이해와 함께 주목을 받게 되었습니다. 이것은 장소에 대한 보다 폭넓은 이해를 가져왔는데, 에드문트 후설(Edmund Husserl 1859-1938)의 "지향성"[4]이라는 개념에 바탕을 둔 현상학과 맞닿아 있습니다. 이것은 우리의 의식과 대상을 분리하여 볼 것이 아니라, 서로 관계하고 있다는 관점으로 현상을 분석하는 것을 말합니다. 장소와 연

---

4) 후설은 의식의 본질을 지향성에서 찾았습니다. 이 지향성은 '무엇인가에 대한 의식'의 방향을 뜻합니다. 현상학의 출발점이지요. 의식의 세계와 그 대상인 세계는 서로 실체적으로 분리된 두 항이 아니라 지향성이라는 동일한 하나의 연관 속에서 서로 교차하면서 관계를 맺고 있다는 관점으로 세계의 현상을 분석하려 했습니다. 의식이 대상과의 관계에서 나타나고 대상이 의식과 관계되는 것으로 나타난다는 상관관계를 찾는 이것은 장소와 인간의 행위가 서로 연관되어 있다고 볼 수 있는 중요한 대목이 아닐 수 없습니다. 풍수지리를 살펴서 명당을 찾거나 살기 좋은 곳을 찾는 것은 장소라는 대상이 우리 삶의 형식에 좋은 기운으로 영향을 준다는 믿음에서 비롯되는데, 현상학과 연관 지어 생각하기에는 다소 거리가 있습니다만, 일단 장소라는 대상이 우리에게 좋은 영향을 준다는 의식과 이 의식에 의해 우리 삶의 형식이 변한다고 한다면, 현상학과 연관 지어 생각해 볼 수도 있겠습니다. 장소

관시켜보면, 장소의 존재는 우리에게 대상으로 나타나고 인식되지만, 그 인식은 장소에 대한 우리의 의식을 드러내는 태도, 즉 반응으로 나타납니다.

우리는 경험함으로써 현상들을 이해할 수 있습니다. 놓치지 말아야 할 것은 이 경험은 장소에 묶여 있다는 점입니다. 다른 경험은 다른 장소를 의미합니다. 다르게 경험된 의식은 장소의 정보를 보다 구체적으로 구별시킵니다. 이런 경험을 통해 우리는 그 장소 혹은 또 다른 장소를 창조해 나가고 삶의 장소를 증식시킵니다.(Pepper 1984, 120면 참고) 이것은 장소로부터 인식된 우리의 의식이 다시 장소에 작용하는 것을 말합니다. 한곳으로 향해 있지 않은 지향성을 보여주는 것이지요.

장소는 우리의 거주 방식을 정의합니다. 그리고 우리의 의식에 영향을 줍니다. 장소에 대한 반응과 거주에 대한 의식은 다시 장소로 되돌아 갑니다. 재창조될 장소는 이 반응과 의식을 바탕으로 만들어집니다. 이와 같은 현상은 우리 일상 삶 속에서 반복적으로 일어납니다. 여기에서 중요한 것은 이미 주어진 장소가 창조된 장소로 바뀌는 과정이 단순히 한 번으로 끝나지 않는다는 점입니다.

에 따라 우리의 의식은 달라집니다. 대상이 의식에 영향을 미치는 것이지요. 예컨대, 메마른 사막 혹은 물이 풍족한 옥토에서 보이는 우리 삶의 태도(반응)와 의식은 다릅니다. 그리고 이 반응과 의식에 따라 그 장소는 자연의 장소 그대로 남겨지게 되거나 혹은 의미를 갖는 창조된 장소로 바뀌게 됩니다. 우리는 창조된 도시의 거리, 광장, 공원과 같이 각각의 장소에 맞는 행위를 하게 되는데 그것은 각각의 다른 대상에 대한 반응과 의식 때문입니다. 이 반응과 의식은 창조된 도시의 장소들에 대한 각각의 현상으로 각각의 장소(대상)들에 묶여 있습니다. 그래서 도시는 의식과 대상이 서로 연결되어 나타나는 현상으로 관찰될 수 있습니다.

창조된 장소는 시간의 연속된 형태와 함께 끊임없이 순차로 재창조됩니다. 장소는 그래서 "시간의 두께"를 갖는 거주의 세계 곧 삶의 세계가 됩니다. 동일한 시간의 두께에서 도시는 상대적으로 다른 곳보다 훨씬 많은 창조된 장소와 다층으로 매개되어 있는 장소의 겹으로 이루어집니다. 도시는 그래서 현상학으로만 설명할 수 없는 노릇입니다.

시간의 두께에 쌓인 정신문화는 물질문화의 정수인 도시에서 무엇보다 중요합니다. 그것은 도시 곳곳에 물질화/형태화된 시간의 문양으로 남겨져 유구한 도시의 역사를 보여주고 있기 때문입니다.

요컨대, 도시는 우리 삶의 세계가 시간의 두께 속에서 수없이 많은 층위로 형태화되어 나타나는 곳입니다. 이 장소는 우리 삶과 거주에 대한 순수한 욕망으로부터 발생하였고, 지속적으로 발전되어 왔습니다. 인간의 감상과 행위가 발생하는 기점임과 동시에 배경이 되는 이곳은 계속해서 재창조됩니다. 특정한 감상, 인지, 의식, 행위 등을 유발시키는 자연의 장소와 창조된 장소로 이루어진 도시는 형태, 제누스 로치, 현상학, 시간의 형태와 함께 설명 가능합니다. 장소를 설명할 수 있는 이 네 가지의 이해는 도시 내부에서 이루어지는 투사의 작업에 필수적입니다.[5]

---

5) 건축, 도시, 국토/영토 계획에서 네 가지의 이해는 도면으로 구체화되어 나타납니다. 전지적 시각으로 도면을 만들어내는 것이지요. 도면은 소통하기 위한 언어의 한 형태입니다. 평면도는 지적도, 지형도, 지도처럼 위에서 아래로 내려다본 모습인데요, 심하게 과장하면 신의 위치에서 작업하는 것을 말합니다. 이 전지적인 관점은 투사의 작업에서 반드시 필요한 태도입니다. 왜냐하면, 복잡한 장소의 상황과 조건 그리고 문제를 파악하고 조정하고 해결해야 하기 때문입니다. 또한 앞서 말한 장소의 형태와 의미 그리고 현상학과 시간에 관한 알아차리기 쉽지 않은 것들을 간파하고 도면화하여 현실화하기 위해서입니다.

제누스 로치의 상실

2008년 일본 건축가 안도 다다오는 제주에 제누스 로치라는 명상관과 미술관을 지었습니다. 제주의 환경과 장소의 특성을 고려하여 지은 건물인데, 제누스 로치가 건물의 이름이 되는 것이 우스꽝스럽기는 합니다만, 그 평가나 비평에 앞서 장소에 관하여 생각해 볼 수 있는 거리가 될 수 있습니다.

장소성의 약화와 재조명은 우리가 고려해야만 하는 장소성을 무시하거나 고려의 대상으로 인식하지 않은 것에서 비롯됩니다. 이것은 어떤 다른 가치에 의해 장소의 의미가 소홀해졌거나 새롭게 등장한 관점에 의해 그것이 무시되었다고 볼 수 있습니다. 장소의 의미 부재 혹은 장소성의 상실에 대한 반응은 20세기 중후반에 들어서 논의의 대상으로 부상하게 됩니다.

건축에서 20세기 초중반의 여러 근대화의 움직임들은 장소성의 약화를 가져왔습니다. 당시 건축이 과거와의 단절을 시도하면서 기술의 향상, 발전하는 사회, 급변하는 도시의 형태와 함께 더 큰 영역과의 관계를 찾아 새로운 관계 형성을 만들어나갔는데요, 이런 변화와 함께 장소성은 점점 무력화되었습니다. 더불어 세계화는 지역성을 약하게 만들었습니다. 장소성의 무력화 현상과 세계화는 여전히 장소성과 지역성의 지속적인 약화를 가져오고 있습니다.

특히, 세계화와 대중문화는 장소성 뿐만 아니라 지역의 고유성과 문화까지 간섭했습니다. 이 현상은 장소의 다양한 의미를 현저히 동질화시켰습니다. 그뿐만 아니라 세계가 점점 표준화되어가면서 정치, 사회, 문화, 도시에 이르기까지 여러 층위에서 급속히 세계화되고 동질화되어가고 있습니다. 소위 국제표준이라는 글로벌 스탠다드는 이 세계화에 의한 동질화를 잘 설명해주고 있습니다. 이 변화가 지역들 사이에 다양하게 존재했던 장소의 의미를 변화시키고 있습니다.

세계화는 세계를 하나의 시장으로 만드는 것, 즉 상품을 유통하고 자본을 생산하려고 하는 것이 그 중심에 있습니다. 다른 가치들은 찬밥 신세로 전락하게 되는데 모두 신이 되어 버린 자본 때문입니다. 공공의 영역에서 이루어지는 공익사업에서조차 돈의 가치가 최상위에 놓이게 된 것은 최근의 일이 아닙니다. 이런 현상과 함께 장소성과 지역성은 거주의 가치를 향상해야 할 투사의 작업들에서 배제되었고, 여전히 배제되고 있는 것이 사실입니다. 그런 점에서 장소성과 지역성을 기반으로 2012년 프리츠커상(Pritzker Architectural Prize)을 받은 중국의 왕슈(王樹)와 그의 작업들은 시사하는 바가 무척 큽니다.

자본의 가치만을 위한 작업들은 여러 가지 고려해야 할 사항들을 무시합니다.[6] 건축, 도시, 국토/영토 계획에 침투한 자본은 장소가 갖는 의미, 고유한 지역의 특색, 주변 환경과의 조화로운 관계와 같은 가치들을 배제시키는 원인으로 작용합니다. 돈의 가치가 거주의 가치에 영향을 주는 것은 거주의 질을 악화시키는 가장 나쁜 요인입니다.

다음으로는 대중문화가 미치는 영향입니다. 우세한 대중문화가 상대적으로 약한 곳에 영향을 주는 경우에, 잠깐의 현상으로서 본래 고유의 생활 방식이나 태도를 변화시키지 않는다면 문화를 이해하는 측면에서는 좋은 점이 있습니다. 대중문화는 방대한 생활의 범위에 영향을 미칠 수 있고 지역 고유의 문화를 변질시킬 수 있습니다. 이것은 각기 다른 장소의 현상들과 거주의 방식들을 단조롭게 만들 수 있다는 점이 문제입니다. 자본 그리고 대중문화와 함께 또 다른 영향은 종교입니다. 몇몇 종교의 규모는 점점 더 거대해지고, 그 안에서 동일해지는 신앙, 의식, 문화, 생활 등은 고유의 지역성을 약화시키는 원인이 되기도 합니다.

20세기 중후반부터 진행되어온 이러한 현상은 많은 포스트모던 건축과 도시 발전에 "깊이 없는 피상함"을 만들어냈고 여전히 그

6) 데이비드 하비(David Harvey)의 "자본은 더 이상 도시들을 고려하지 않는다"는 말은 같은 맥락에서 보아야 할 것입니다. "We now find that capital is no longer concerned about cities. Capital needs fewer workers and much of it can move all over the world, deserting problematic places and populations at will."(Harvey 1997, 20면)

영향을 미치고 있습니다.(Carmona 2003, 103면) 이런 현상은 투사의 작업에서 장소성에 대한 인식이 회복되어야 하고, 당분간 그것에 대한 논의가 활발히 지속적으로 이루어져야 할 필요가 있음을 방증하고 있습니다. 장소성은 건축, 도시, 국토/영토 계획에서 다루어져야 할 가장 중요한 주제 중에 하나가 되어야 할 것입니다.

연속성과 제누스 로치의 물질화

장소의 특징과 의미에 대해 심사숙고하여 새롭게 의미 형태화하는 작업 방법에는 여러 가지가 있을 수 있습니다. 그것 중에서 연속적인 관계를 갖게 하는 방법에 시선을 집중할 필요가 있습니다. 20세기 초중반 근대 건축 운동들이 보여줬던 전통적인 것들과의 단절, 지역이나 도시의 역사보다는 국제적인 조류에 편승, 이후 포스트모던이 가져온 도시의 깊이 없는 발전, 그리고 자본, 세계화, 대중문화, 종교 등에 의해 가속화된 지역성과 장소성의 상실은, 장소가 가지고 있는 시간의 형태와 공간의 형태를 연속성의 방법론과 함께 복원 및 재생할 수 있으리라는 믿음으로 이어졌습니다.

시간과 공간의 두 층위 속에서 재차 창조되어 온 장소의 역사나 기억은, 무시나 단절보다는 연속적인 관계 유지로 이루어질 때 더욱 나은 거주의 가치를 생산해 낼 수 있을 것입니다. 시간의 흐름 속에서, 장소가 가진 특징과 의미 위에서, 주변이 둘러싸고 있는 장소의 형태 속에서, 연속적 관계를 맺게 하는 것이 가장 적절한 반응이며 방법입니다.(Carmona 2003, 199면)

공간의 형태와 시간의 형태 속에서 전달되는 제누스 로치는 그것의 보호, 유지 혹은 보존에 그 가치가 있을 것입니다. 그렇지 않으면 장소성은 소멸됩니다. 그러므로 시간과 공간 속에서 연속적으로 의미 전달이 이루어져야 합니다.

공간의 형태 속에서 제누스 로치의 연속성을 구현하는 것은 주변 장소들에 대한 고려와 함께 형태화 혹은 물질화하는 것을 의미합니다. 시간의 형태 속에서 제누스 로치의 연속성을 드러내는 것은 그 장소가 담고 있는 역사나 기억들입니다. 이것을 시간의 문양이라고 하는데요, 장소 위에 발생한 여러 가지 사건이나 행위들이 역사나 기억으로 장소에 남겨져 있는 것을 말합니다.(Sircus Jan 2001, 30면)

장소에 내재된 시간의 문양과 제누스 로치를 함께 물질화하는 것을 연속성에 의한 작업이라 할 수 있습니다. 그래서 연속성은 시간과 장소의 의미를 담기 위한 의미 보존의 행위라고 할 수 있습니다. 연속성이 내포된 형태는 시간의 통로와 같은 역할을 합니다. 이것은 장소에 내재된 역사 혹은 기억이 보존되어, 시간이 흘러 또다시 새로운 의미의 형태로 재창조된다 하더라도 보존될 가능성이 있습니다. 그래서 연속성에 의한 작업은 더욱 깊은 역사를 내재시킬 수 있습니다. 어쩌면 이렇게 만들어진 장소는 프루스트의 마들렌처럼 누군가에겐 비자발적 기억으로 이어질지도 모를 일입니다.

도시는 개인뿐만 아니라 집단의 행위, 기억, 역사를 담고 있는 수없이 많은 장소로 이루어져 있습니다. 물질문화의 총체로 이루어진 도시는 사회적, 문화적, 역사적 형태들과 함께 기억의 형태로 이

오십 자드킨(Ossip Zadkine), 파괴된 도시(De Verwoeste Stad), 로테르담, 1953.

루어집니다.(Aldo Rossi, 1966 그리고 Maurice Halbwachs, 1980 참고) 물질문화 속에 그러한 모든 것이 내재되어있는 것이지요.

기억의 형태를 제외하면, 알도 로시의 관점에서 도시의 구조와 요소들은 끊임없이 변하는 광장, 거리, 건물 등으로 이루어집니다. 기억의 형태는 기념물과 같은 장소를 말하는데, 이것은 공동의 기억과도 공명하면서 도시의 기억을 실체화합니다.(Christine Boyer, 1994 참고) 도시에 더욱 특별하고 독특한 성격을 부여하는 것은 바로 이러한 기억의 형태들입니다. 중요한 것은 장소의 특성과 의미와 기억을 어떻게 보존하느냐 하는 것입니다.

새로운 형태[7]를 통한 완벽한 개발과 완벽하게 유지하려는 보존, 이 둘 사이의 어느 지점을 치열하게 고민할 필요가 있습니다. 우리나라는 대체로 두 방식 다 우세합니다. 옛것을 원형 그대로 보존하거나 그렇지 않으면 완전히 없애고 새로운 형태를 만들어왔지요. 한국에서 건축, 도시, 국토/영토 계획의 패러다임 변화는 시급해 보입니다. 그래서 둘 사이의 균형감을 유지하는 문제가 오랫동안 투사의 작업에서 화두가 되었으면 좋겠습니다. 왜냐하면, 둘의

---

7) 조지 쿠블러(George Kubler)가 그의 책 *The Shape of Time: Remarks on the History of Things*(2008, 58면)에서 언급한 새로운 형태는 장소와 시간의 연속성을 내포한 것으로 이해할 수 있는 여지를 제공해 줍니다. 비록 장소와 시간의 형태 속에서 완벽히 새로운 형태가 등장한다 하더라도, 이 새로운 형태는 시간에 있어서 단절이 아닙니다. 또한 이 새로움의 탄생은 시간의 연속적 형태 속에서 창조자의 통찰에 의해 원래 있는 대상을 뛰어 넘어서려고 하는 시도의 결과이기 때문에, 그것은 여전히 원래 대상의 지시를 내포하고 있습니다. 그래서 단절이라고 보기 힘듭니다. 그러나 원래 속성을 가지고 있는 대상은 실제로 더 이상 시각적으로 존재하지 않기 때문에, 새로운 형태가 원래 대상의 지시를 내포하고 있다 하더라도 그 대상이 담고 있는 의미까지 도달하기 힘들거나 불가능합니다. 의미는 형태에 내재되어 있고 형태 그 자체인데, 원래 형태가 사라진 상황에서 그 의미가 보존될 수는 없지요.

균형 잡힌 접근은 제누스 로치와 새로운 의미의 형태, 그 장소와 주변, 과거와 다음 시대 사이에서 향상된 거주의 가치를 발생시킬 수 있기 때문입니다. 연속성은 이 균형 잡힌 접근의 한가운데 있는 지점일 것입니다.

장소에 내재되어 있는 가치들을 연속시키려는 시도는 절대 바뀌지 않을 시각의 형태로 원형을 남겨두는 것이 아닙니다. 그것은 시간의 흐름 속에서 밀도 있게 쌓인 정신문화를 함께 드러나게 하는 것입니다. 도시 내부의 장소를 새롭게 창조하려는 이 시도는 궁극적으로 개인, 공공, 공동체를 위한 거주의 질을 여러 층위의 가치들과 함께 향상시키기 위한 것입니다.

기억과 함께 제누스 로치를 연속성이 띄는 의미 형태로 만드는 것, 즉 새롭게 만들어질 형태에 그것을 내재시키는 것은 어떠한 시대정신과 관계없이 거주의 가치에 있어 유익할 것입니다. 연속성의 형태화를 통해 구현할 수 있는 거주의 질은 분명 현재의 도시에 무엇보다 중요할 것입니다. 우리의 소중한 기억들을 단절시키거나 없애면서 이질적인 새로운 의미의 형태를 만들어내기보다는, 그 장소가 가지고 있는 특성과 그 장소에 깃든 의미 그리고 그 장소에 내포된 시간성을 영속시키고 보존시켜, 더욱 깊이 있는 삶의 세계를 만드는 것이 현재의 도시에 그리고 현재를 살아가는 우리에게 더없이 중요할 것입니다.

7

거주로서 내부
(Interior as dwelling)

거주로서 내부

물질은 공간과 함께 발생합니다. 공간과 따로 분리되어 존재할 수 없습니다. 우리 역시 마찬가지입니다. 우리의 삶은 이 공간과 함께 발생하고 존재합니다. 그 안에서 삶의 세계는 펼쳐집니다. 이 공간은 언제나 내부입니다. 내부는 물질의 존재 그리고 우리 삶의 세계를 발생시키는 전제조건입니다. 우리 삶의 세계와 물질의 존재는 내부의 존재를 전제로 하는 것이지요.

삶의 세계는 이미 주어진 공간 안에서 또 다른 내부로 만들어집니다. 그것은 거주를 위한 인간의 근본적인 의지와 목적으로부터 나타납니다. 순수한 욕망이지요. 주어진 공간 혹은 장소에서 또 다른 장소를 창조하는 것은 거주에 더욱 적합한 곳을 만들기 위함입니다. 이곳은 내부의 경험 속에 놓이며 보다 향상된 거주의 가치가 투사되어 발현됩니다.

내부는 많은 삶이 발생하고 있는 하나의 세계입니다. 우리 일상 삶의 풍경이 담기는 곳이지요. 수없이 많은 물질로 이루어진 이 세계는 다른 세계와 분리되어 존재하지 않습니다. 하나의 물질이 우주의 한 부분인 것처럼 그리고 한 도시가 지구라는 장소의 한 부분인 것처럼, 도시 내부는 자연환경, 주위의 지역이나 마을, 그리고 또 다른 도시들과 함께 부분으로 존재합니다.

언급하였듯이, 내부는 물질을 탄생시킬 수 있는 내부성을 가지고 있습니다. 내부는 인간을 포함한 물질들을 낳습니다. 그리고 그것들의 삶을 발생시킵니다. 물질이 생성되고 변하고 소멸[1]하는 장소가 내부인 것이지요. 지구는 물질로 이뤄진 우리가 태어나고 성장하고 죽게 되는 일련의 과정을 겪는 곳이고 일생을 보내게 되는 장소이며 삶의 세계입니다.[2]

익히 알고 있듯이, 공간, 물질, 에너지 그리고 시간은 분리할 수 있는 것이 아닙니다만, 시간을 따로 분리하고 공간과 물질 그리고 에너지를 따로따로 나눠 고려해 본다면, 공간은 에너지와 물질로 채워져 있고 물질은 에너지로 이루어진 공간을 가지고 있습니다. 그래서 공간은 물질과 에너지로 이루어진 체적의 다른 이름으로 불릴 수 있습니다. 우리는 물질의 네 가지 상태 중 하나인 기체

---

1) 消滅: 사라져 없어지는 것 혹은 반입자와 소립자가 서로 합체하여 그 정지 에너지를 다른 입자의 형태로 내보내는 것을 의미합니다. 하지만 여기서 소멸은 전자인 사라져 없어지는 존재를 말하는 것이 아니라 후자인 다른 물질의 상태 혹은 에너지로 전환되는 것, 즉 다른 존재가 되는 것을 의미합니다.

2) 생성된 존재는 죽어 없어지는 것이 아니라 죽어 다른 물질 혹은 에너지의 상태로 변하여 영원히 존재합니다.

상태의 대기 속에 존재합니다. 이곳은 기체 상태의 물질과 에너지로 이루어진 체적이지요. 지구의 대기는 인간에게 거주할 수 있는 필수적인 내부(공간과 장소)를 제공합니다. 여기에서 인간 삶의 세계인 장소와 공간의 의미가 나옵니다.

건물 내부와 도시 내부

우리가 어떠한 공간과 장소에 거주하거나 살아갈 수 있다면 그곳은 내부입니다. 우리 삶의 세계는 이 내부에서만 발생합니다. 거주에 대한 관점에서, 이미 주어진 내부의 세계는 아직 안전하고 완벽한 내부가 아닙니다.[3] 그렇기 때문에 삶의 지속을 위해서 인간은 다른 내부를 창조하게 되었는데요, 보호처와 같은 집과 도시가 그것입니다. 이 내부는 결여된 것의 획득을 위한 순수한 욕망으로부터 나옵니다.

---

3) 생명을 위한 필수적인 대기는 삶을 영속할 수 있는 최소의 필요조건인 물질과 에너지의 체적, 다시 말해 공간을 말합니다. 하지만 공간은 인간만을 위한 곳은 분명 아닙니다. 생명이 다른 생명으로 생명을 유지한다고 하더라도 인간이 다른 생명을 자기 생명을 유지하기 위해 취한다고 하더라도 분명 인간만을 위한 세계는 아닙니다. 이 내부의 세계는 인간뿐만 아니라 하늘 아래 다른 모든 것들이 함께 존재하는 하나의 세계입니다. 그래서 삶의 장소와 공간은 인간 삶의 내부일 뿐만 아니라 모든 생명을 위한 내부를 의미합니다.

자연에 제한적일 수밖에 없는 인간의 거주, 이것이 결여된 것이지요. 그래서 순수한 욕망은 이 결여된 것을 획득하기 위한 것, 즉 자유로운 거주를 위해 내부를 만드는 것으로 실현되었습니다. 인간의 노력으로 창조된 이 내부는 자연에 도사리고 있는 위협과 위험으로부터 인간을 분명 자유롭게 만들었습니다.(Scully 1962, 171면 참고) 흥미로운 것은 치명적인 기후조건과 생명을 위협하는 동물들뿐만 아니라 다른 부족, 종족, 민족의 위협으로부터 안전한 삶을 확보하기 위해서 내부가 창조되었다는 점입니다. 이런 점에서 창조된 내부는 온갖 종류의 위협과 위험에 대항하기 위한 노력의 결과물입니다. 인간에게 치명적으로 가해지는 모든 위해(危害) 요인은 더욱 안전하고 완벽한 내부 공간과 장소의 필요성을 갖게 하였습니다. 이것은 은신처 혹은 보호처와 같은 집짓기 그리고 성곽으로 이루어진 도시의 건설로 이어졌는데요, 가문 그리고 국가 간의 전쟁이 잦은 중세 시대의 도시들이 대체로 성벽 안에 형성된 것은 이를 잘 보여주고 있습니다.

성곽이 사라진 현재의 도시는 이미 주어진 장소가 경작되고 창조되어 외연이 확장되면서 지속적으로 발전해왔습니다. 거주의 질을 향상하기 위해 만들어진 무수히 많은 장소가 현재 도시의 모습입니다. 이곳은 개인 삶이 중심이 되는 사적인 장소와 집단으로 살아가며 삶을 만들어가는 공적인 장소로 이루어져 있습니다. 여기서 두 가지 종류의 내부가 나타납니다. 건물 내부와 도시 내부입니다.

내부는 어떤 것들을 끌어 모으는 힘이 있습니다. 그것은 다른 장소들 사이에서 중심의 위치를 가지는데요, 구심력과 함께 이해될 수 있습니다. 이곳은 도시의 여러 장소들 사이에서 사적 삶이 발생하는 집(건물 내부) 그리고 자연의 여러 장소들 속에서 공공의 삶이 발생하는 도시(도시 내부)로 생각해 볼 수 있습니다. 둘 다 삶의 중심이 되는 곳이지요.

모든 건물은 내부를 갖습니다. 우리가 머무는 건물 속 내부는 다른 건물들과 도시의 여러 장소들에 대해서 중심으로 작용합니다. 도시는 각각의 중심을 갖는 건물들과 그것들 사이의 장소들로 이루어집니다. 그래서 도시는 수만 개의 중심으로 이루어진 군집과 같습니다. 이러한 중심들이 도시 내부를 이루고 있습니다. 도시 역시 도시를 에워싸고 있는 이미 주어진 장소들(산, 들, 이웃 마을 등) 사이에서 중심으로 작용합니다. 하나의 구심점처럼 말이지요.

건물 내부는 도시 내부와 다른 성격을 갖습니다. 사적인 심리와 행위가 중심이 되는 이 내부는 주어진 환경들에 울타리(경계)를 둘러침으로써 만들어집니다. 그렇지만 이 둘러침은 열림을 전제로 하고 있습니다. 방이 도시와 단절되어 독립적으로 존재하지 않고 서로 결부되어 있는 것을 말합니다. 개인의 생활이 중심이 되는 이곳 방은 공공의 생활이 중심이 되는 도시의 장소들과 단절되어 있지 않다는 것을 의미합니다. 왜냐하면, 그곳은 도시와 사회의 환경요소들 그리고 자연환경과 접촉하기 때문입니다.

하나의 방을 만든다는 것은 하나의 장소를 만든다는 것인데요, 이 방은 다른 방들과 함께 묶입니다. 이렇게 방들로 묶인 건물과 건물 사이에 공공의 장소가 발생합니다. 이 장소는 방과 간접적으로 연결되어 있습니다. 강조하고 싶은 점은 사적인 생활의 집중인 건물 내부가 공적인 영역의 도시 내부와 대립적인 관계를 갖는 것으로 보일 수 있지만, 도시 내부는 건물 내부의 연장이라는 것입니다. 도시민이 그리는 삶의 궤적은 이 두 개의 내부 속에서 완성됩니다.

공간은 경계에 의해 정의됩니다. 내부라는 개념은 일반적으로 에워쌈의 경계와 함께 이해될 수 있습니다. 그것은 건물 내부와 건물 외부(도시/국토/영토 내부)를 가르는 것이 아니고 연결하는 것을 말합니다. 열리게 하는 것 그 자체가 공간을 창조하는 목적이기 때문입니다. "경계는 무언가가 멈추고 있는 것에 존재하는 것이 아닙니다. 경계는 그리스인들이 인지했던 것처럼, 무언가가 그것의 존재화를 시작하는 것을 말합니다."(Heidegger 2001, 152면)[4] 그래서 건물 내부와 도시 내부의 경계로 여겨지는 벽, 문, 창문, 지붕 등과 같은 건물의 표면은 둘의 존재를 차단하는 것이 아니라 각자 자신의 존재를 드러내는 것과 동시에 두 존재의 시작을 알리는 것입니다. 건물 내부의 사적인 장소와 도시 내부의 공적인 장소가 시작됨을 드러내는 것이지요.[5] 도시는 이 두 성격을 나누는 수많은 경계들로 이루어져 있습니다.

---

4) "그리스어에서 경계의 의미는 차단하는 것이 아닙니다. 오히려 생겨난 존재가 처음으로 자신의 빛을 드러내는 것입니다. 경계는 감춰지지 않는 것으로 자유로워집니다. 그리스의 빛 속에서 산은 그것의 윤곽에 의해 우뚝 솟은 채 휴면 속에 서 있습니다. 고정되어 통합된 이 경계는 움직임이 충만함 속 휴면에 있는 것입니다. 이상은 모두 그리스어의 *ergon*의 의미로 그 일을 유지하고 있습니다. 이 일의 존재는 *energeia*입니다. 이것은 현대의 "energies"가 그러는 것보다 그 자체 내에서 더 많은 움직임을 끊임없이 모으고 있습니다."(Heidegger 2001, 82면 그리고 Abercrombie 1980, 13면) 여기서 *ergon*은 내재되어 있는 일, 능력 혹은 가능성이고 *energeia*는 일/능력/가능성으로서의 어떤 것이 그 목적을 실현한 상태, 즉 생성의 최종 형태를 말합니다.

공공의 장소는 사회적인 환경요인이 "거주자들의 행위를 형태화"합니다.(Knox/Pinch 2006, 6면) 이와 구별되는 사적인 장소는 사회적인 환경요인과 함께 사적인 요인 예를 들면, 성격, 기호, 취향과 같은 것들이 거주자의 행위를 형태화합니다. 이곳은 사회적인 환경요인이 강하게 혹은 미미하게 작용하거나 때때로 전혀 작용하지 않기도 합니다.

사적 요인은 방이라는 내부의 장소에서 구체적으로 나타납니다. 가구를 재배치하고, 방의 색을 바꾸며, 벽난로의 장식을 바꿀 수 있는 이곳은 사적인 요인에 의해 개인성이 표출되는 곳입니다. 이 요인은 개인(혹은 가족)의 심리적인 만족감 혹은 안락감을 얻기 위해서 작동하는 곳입니다. 더 나은 삶 그리고 만족스러운 개인(혹은 가족)의 생활을 위해서입니다. 궁극적으로 거주의 질을 향상하기 위한 행위라고 할 수 있습니다.

공공의 장소에서 이러한 행위는 잘 나타나지 않습니다. 모두가 각자의 방에서 하듯 거리, 광장, 공원과 같은 장소를 바꿀 수 없으며, 방에서 느낄 수 있는 심리적인 만족감 그리고 안락감을 얻지 못합니다. 그러나 사적 장소인 내부가 즉각적으로 심리에 영향을

---

5) 건물 형태 그 자체가 외부성과 내부성이라는 두 개의 현상을 암시합니다. 예를 들면, 내부와 외부의 표면들로 이루어진 건물 형태는 건물 내부 공간과 도시/영토 내부 공간을 창조하는 역할을 합니다. 그것은 서로를 봉쇄하는 것이 아니라 그것의 본질로서 열고 묶는 것을 의미합니다. 칸딘스키는 형태의 본성을 간파하였는데요, 비록 2차원의 예술 작업을 설명하기 위해 외부와 내부의 현상들에 대해서 설명했지만, 그의 통찰은 건축에서도 동일하게 작용합니다. "externally - or - inwardly"(Kandinsky 1979, 17면 그리고 Diodato 2012, 9면 참고) 건물의 입면, 문, 창문 등의 표면은 단순히 내부의 현상에 속하는 건물의 요소가 아니라 도시/영토의 현상에 속하는 건물의 요소이고 동시에 도시/영토의 요소입니다. 두 현상 사이에 놓여 있는 이 요소는 서로를 맞물리게 하는 경계가 되는 것이지요.

미쳐 안락감과 만족감을 줄 수 있는 장소임을 알고 애착을 갖는 것처럼, 그리고 더 나은 생활과 만족스러운 삶을 위해 내부를 변화시키려는 마음을 갖고 그렇게 하는 것처럼, 공적인 도시 내부의 장소를 이와 같이 여겨 변화시킨다면, 각자의 방 내부에서 느낄 수 있는 기분 좋은 느낌을 도시 내부에서도 느낄 수 있을 것입니다. 이것은 궁극적으로 향상된 거주의 질로 드러나기 때문에 생각의 전환이 중요하지 않을 수 없습니다.

일반적으로 내부(內部)는 어떤 것(thing)의 경계 안을 의미합니다. 여기서는 방, 건물, 도시, 나라, 땅과 같은 내부 공간/장소를 말합니다. 방은 가장 최소한의 거주 장소이고 땅은 가장 최대한의 거주 장소입니다. 우리는 거주의 질을 향상하기 위해 이 내부의 공간 거주의 장소를 끊임없이 창조해 나가고 있습니다. 이것은 더욱 편리하고 안락하며 만족스러운 삶을 살기 위한 노력입니다.

건축, 도시, 국토/영토 계획에서 거주로서 내부라는 개념은 삶의 질 향상이라는 측면에서 대단히 중요합니다. 최소한의 거주 장소인 방에서 보여주는 애착과 같은 심리는 더 큰 공공장소인 도시에서는 잘 드러나지 않는 것이 사실입니다. 이것은 방의 내부와 동일한 심리, 생각, 가치를 가지고 도시의 장소를 창조하지 않는다는 것을 방증합니다. 도시의 장소를 외부로 바라보고 있다는 것이지요. 이런 관점을 변화시킬 필요가 있습니다.

도시는 우리 삶의 방입니다. 도시를 방의 내부와 같이 거주를 위한 내부로서 공공의 방으로 인식하여야 합니다. 도시 공공의 장소를 외부가 아니라 내 방의 내부처럼 도시 내부로 생각한다면, 우리는 투사의 작업을 통하여 도시 공공의 삶을 보다 가치 있게 만들 수 있을 것이고, 순수한 욕망의 풍경이 구현된 도시의 모습으로 변화시킬 수 있을 것이며, 내 방에서 느낄 수 있는 그 어떤 것을 도시의 방에서 느낄 수 있게 될 것입니다.

깜삐돌리오 광장(Piazza del Campidoglio) 계획, 1567(작자 미상), 판화 Bartolomeo Faleti (ed., "Areae Capitolinae Et Adiacentium Porticuum Scalarum Tribunalium Ex / Michalis Angeli Bonaroti Architectura Ichnographia / Romae Anno MDLVII // Roma MDLVII / Ex Typis Bartolomaei Faletij / cum privilege.").

8

도시의 내부
(Urban interior)

도시의 내부

도시의 내부는 아무렇게나 만들어지지 않습니다. 장소의 특성과 거주인의 기억, 문화, 사회성, 역사, 정책과 같은 많은 요인들에 의해 만들어집니다. 이렇게 만들어진 도시의 내부는 거주인을 위한 삶의 풍경이 됩니다. 도시는 자연의 장소가 궁극적으로 "문화의 풍경"으로 끊임없이 변형되고 있는 곳입니다.(Norberg-Schulz 1980, 10면)

도시는 거주라는 순수한 욕망이 형태화되면서 지속적으로 자연의 장소가 창조된 장소로 바뀌어, 거주에 적합한 상태로 변하고 있는 곳을 말합니다. 이 변화는 기본적으로 더 나은 삶의 세계, 즉 내부 세계를 창조하기 위한 목적에서 비롯됩니다. 그래서 도시는 이미 주어진 자연의 장소 위에 창조된 장소가 만들어내는 거주를 위한 내부로 이해할 수 있습니다.

도시의 발전을 억제하지 않으면 어느 순간 창조된 장소로만 도시 내부는 이루어질지도 모릅니다. 창조된 부분은 장소의 묶음인 건물, 건물들 사이의 거리, 거리가 만나 이루는 광장과 공원 등이 있습니다. 또한 거주에 필요한 요소 예를 들면, 가로등, 가로수, 벤치, 휴지통, 버스 정류장 등이 있습니다. 그래서 도시 내부는 창조된 장소와 요소로 이루어집니다.

건물과 마을 그리고 도시는 하나의 방을 만듦으로써 시작됩니다. 방이 모여 있는 건물은 도시 내부에서 하나의 덩어리로 드러납니다. 거주하기 좋은 장소를 가지고 있는 덩어리입니다. 이 덩어리가 모여서 덩어리들 사이 공간과 함께 도시를 형성하지요. 중요한 것은 덩어리들 사이의 공간과 덩어리 내부는 연결되어 있다는 점입니다. 거주하기 알맞은 건물 내부의 장소를 만들기 위해 덩어리는 기본적으로 연결의 요소(문, 창, 환기구 등)를 통해 덩어리 안과 밖을 잘 짜이게끔 합니다.

덩어리는 본질적으로 내부의 누설입니다. 이 드러냄은 덩어리가 내부를 담고 있다는 것과 덩어리들 사이에 존재하는 도시 공공의 장소와 관계를 맺고 있다는 것을 의미합니다. 하나의 독립체가 그 자체로 실현될 수 없다는 것을 뜻하지요. 건물 내부의 방 최소의 거주 장소는 최대의 거주 장소인 도시에 열려 연결되고 확장되는 관계 속에서 만들어집니다.[1]

---

1) 그래서 방에서 도시에 이르기까지 장소는 방, 건물, 도시, 넓게 펼쳐진 들과 산, 그리고 하늘과 함께 차례로 점진적 확장의 전경 배경 관계(figure-ground relationship, Arnheim 1977, 30-31면 참고)로 인지할 수 있습니다.

덩어리의 표면은 경계를 나타냅니다. 건물 내부를 에워싸고 있고 동시에 도시의 공간에 열려 있는 경계인데요, 이 경계는 도시와 접촉하는 장소를 만들어냅니다. 문, 창문, 지붕 그리고 벽이 그것입니다. 지붕과 벽은 직접 도시와 접촉하고 문과 창문은 덩어리를 열어서 건물 내부를 도시에 연결합니다. 문과 창문 그리고 지붕과 벽은 거리 혹은 광장과 만나고 도시의 대기와 접촉합니다. 하나같이 연결되어 있습니다. 특히, 덩어리를 열고 있는 문과 창문은 도시와의 관계가 집중되어 나타나는 곳입니다. 왜냐하면, 이 개구부(문과 창문)는 덩어리를 열어 건물 내부를 도시에 최적으로 연결하기 때문입니다.

으뜸 건물 짓기(건축)는 건물 내부의 장소를 창조하는 것이 근본적인 임무이며 동시에, 건물 내부의 장소를 도시 내부의 상황에 최적으로 연결하여 도시의 장소를 만드는 데 기여하는 것이 그에 못지않은 막중한 임무입니다. 두 가지 임무로부터 탄생하는 건물은 그래서 공간적인 존재로서 삶의 장치라고 할 수 있습니다. 이 장치는 개인의 삶을 위한 영역만큼이나 도시 공공의 삶을 위한 영역에서 중요합니다. 다시 말해, 건물의 형태는 건물 내부와 도시 내부를 드러내는 이중성을 가지고 있는 삶의 장치이기 때문에 소홀히 여길

---

2) 한국에서는 interior가 실내로 번역되어 이미 익숙하게 사용되고 있습니다. 실내는 정확히 방의 내부 혹은 건물 내부를 말하는 것인데, interior를 실내로 한정하고 있는 이 번역은 잘못된 것 같습니다. 찰스 라이스(Charles Rice)에 의하면 interior는 19세기 초부터 건물 내부 혹은 방(실)을 말하는 데 사용되기 시작했습니다.(Rice 2007, 2면) 하지만 라틴어 *internus*(*-a,-um*)에서 유래된 interior는 15세기 말부터 내면에 속한 성질, 경계 안에 있는 어떤 것 그리고 한 국가, 국경 혹은 해안선에서부터 떨어진 외부와 분리된 내부를 의미하는 데 사용되기 시작했습니다. 18세기 중엽부터는 한 국가 혹은 지역에 속하는 영토뿐만 아니

수 없습니다.

건물 내부와 도시 내부는 분명 성격이 다릅니다. 그러나 삶의 궤적을 완성하는 둘의 내부는 하나인 삶의 세계로 인식할 수 있습니다. 하나의 내부로 말이지요. 앞서 설명하였듯이, 우리의 삶은 건물과 도시가 통합된 하나의 공간 속에 존재합니다.[2] 1996년 오똘리니(Gianni Ottolini 1943-)는 같은 맥락에서 건물 내부와 도시 내부를 바라보고 있는데요, 다음과 같이 기술하고 있습니다.

"우리는 언제나 한 공간 내부에 존재합니다...우리는 이곳에서 저곳으로 내부에서 외부로 이동합니다. 반대도 마찬가지입니다. 움직임은 내부에서 내부까지의 경로라 할 수 있습니다...하나의 건물은 내부의 용적을 갖는 것과 동시에 외부로 몸체를 발산하는 이중의 속성을 가지고 있습니다...도시와 영토의 공간이 둘의 내부에서부터 인지될지도 모릅니다. 거리, 뜰, 광장, 자연환경, 그리고 외부...공간의 연속성이라는 측면에서 건축과 도시의 공간성은 통합의 가능성이 있습니다. 그래서 소위 도시 세간의 디자인에 대한 이론적 근거가 될 수 있는 가능성이 있습니다...모든 건축은 내부 건축입니다. 건물의 정면(façade)은 하나의 도시 혹은 영토의 내

라 국내 상황을 가리키기도 하였습니다. 다음에 인용된 오똘리니의 언급 "건축과 도시의 공간성은 통합의 가능성..."은 하나의 내부로 통합 가능성을 말합니다. 건축과 도시의 공간성은 건물 내부와 도시 내부 공간의 성격을 말하는데, 전자는 building interior(건물 내부 혹은 실내)를 가리키는 것이고, 후자는 urban interior(도시 내부)를 가리킵니다. 둘은 하나의 거주로서 내부이지요. 그러므로 "모든 건축은 내부 건축입니다."("all architecture is interior architecture.")라고 한 오똘리니의 말은 설득력이 있습니다. 여기서 interior를 실내로 해석하면 이 뜻을 파악할 수 없습니다.

부에서 그 자신을 발산하는 짓기의 방법이지 그 이상은 아닙니다." (Ottolini 1996 그리고 2012, 15-16면, 도시 세간(urban furnishings)은 Ottolini 1987, 38-50면 그리고 1993, 195-219면 참고)

이것과 함께 눈여겨볼 것이 하나 더 있습니다. 칸의 방입니다. 루이스 칸(Louis I. Kahn, 1901-1974)은 방의 개념을 도시의 내부로 확장하여 그의 생각을 설파하였습니다. 예컨대, "하나의 존재를 위한 거부할 수 없는 내부의 요구", "하나의 거리는 방이고 이 방은 합의에 의한 공동체의 방이다."(Kahn 1971, 33-34면) 건축과 도시/영토의 공간성을 하나로 통합하려는 오똘리니의 시도는, 거주를 위한 최소의 장소인 방이 공공의 속성이 그대로 드러나 있는 장소, 즉 공동체가 합의한 방인 거리와 만나고, 이 거리는 또 다른 거리를 만나 도시의 방들이 만들어진다는 칸의 생각과 닿아 있습니다.

"거리의 특성은 교차지점에서 교차지점까지 변합니다. 그리고 어쩌면 수많은 방이라고 여길 수도 있을 것입니다."(Kahn의 스케치북, 약 1969) 합의에 의한 거리인 이 공동체 방은 온갖 종류의 만남이 이루어지는 곳입니다. 도시의 방으로서 공공의 장소성을 잘 드러내고 있지요.

이 거리의 방은 건물들에 의해 만들어진 장소입니다. 다시 말하면, 벽과 창문 그리고 문으로 이루어진 건물 덩어리의 표면에 의해 만들어진 장소입니다. 앞서 언급했듯이, 건물 내부의 방과 도시의 방인 거리는 밀접한 관계를 맺고 있습니다. 건물 내부와 도시 내부가 맥락을 가지게 된다는 것이지요.

건물 내부의 방은 도시 맥락을 형성하는 출발점이고 도착점입니다. 그리고 도시 내부의 방인 거리는 건물 내부와 도시 내부를 잇는 맥락적 기착점입니다. 이 거리는 복잡한 맥락의 도시 내부로 이어집니다. 또 다른 기착점인 도시의 방은 공원과 광장입니다. 거리들이 만나 이루어 놓은 '합의에 의해 모여진 공동체의 방'이지요. 이곳은 건물 내부의 거실(living room)과 그 성격이 많이 닮아 있습니다. 다른 곳보다 활기찬 이 living room은 living이 의미하는 것처럼 살아있고 생기 넘치는 방입니다. 가족 구성원이 모이고 소통하고 다시 흩어지는 거실처럼 광장은 도시 공동체의 구성원이 모이고 소통하고 흩어지는 도시의 거실(urban living room)입니다. 칸이 생각한 방의 개념(하나의 삶을 담는 장소)에 비추어 보면, 공동체를 위한 방의 가치가 절정인 장소는 바로 광장과 공원으로 여겨집니다. 중요한 점은 공동체를 위한 방이 더욱 세밀한 관심과 함께 도시 계획에서 다루어져야 한다는 것입니다.

사적인 삶을 위해 창조되는 방은 공적인 삶을 위한 도시 내부의 방에 연결됩니다. 확장의 시작점은 방이고 건물은 확장의 매개(agent)가 됩니다. 건축은 주어진 장소에 새로운 장소를 건물을 통해 만드는 것인데, 그것의 본질은 건물 내부(방)를 만드는 것으로부터 나오며 이와 더불어 도시 내부(방)를 만드는 것으로부터 나옵니다. 이 두 내부는 통합의 가능성이 있습니다. 이 가능성을 통해 하나로 통합된 공간에서 건축은 삶을 위한 장소(건물 내부의 장소와 도시 내부의 장소)를 창조하는 것이라고 이해할 수 있습니다.

요컨대, 내부 장소를 만들기 위해 덩어리를 짓는 것, 개구부를

미켈란젤로(Michelangelo),
깜삐돌리오 광장(Piazza del Campidoglio)의 "열린 방"("piazza salone"), 로마, 1940.

내어 도시 내부에 연결하는 것, 그리고 통합된 하나의 내부를 계획, 설계, 창조하는 것이 건축 본연의 소임이라 하겠습니다.

도시는 삶의 세계가 발생하고 삶의 풍경이 담기는 건물 내부와 도시 내부가 연결된 하나의 내부 장소이며, 둘을 하나로 연결하려는 투사의 작업에 의한 것입니다.

내부의 연속체

에워싸인 하나의 방을 만드는 것은 외부로부터 절연되어 존재하는 내부를 만드는 것이 결코 아닙니다. 도시의 내부는 분명 방의 내부와 다르고 실제 성격도 다릅니다. 그렇지만 항상 연속적인 관계를 맺습니다. 방은 도시 내부의 방으로 열려 연결되어 있습니다. 연속적인 방(내부/장소)의 연결을 방(내부/장소)의 연속체라고 부릅니다. 건물은 이 연속체 사이에 확장의 에이전트로 존재합니다.

건축 행위는 이 확장의 에이전트(건물)를 만드는 행위입니다. 그리고 이로부터 얻게 되는 장소는 이것의 결과물입니다. 거주 장소의 획득은 건물을 통해 달성됩니다. 이것이 건축의 목적이지요. 질료의 총합으로 드러나는 건물이 방 또는 내부의 연속체들을 분절시키고 연결합니다. 오똘리니가 말하고 있는 것처럼 건물은 건물 내부 공간과 도시 내부 공간 사이의 존재로 이중의 의미를 지니고 있습니다. 이것은 에워쌈과 확장의 특성으로서 건물의 실제적이고 근본적인 속성입니다.

방/내부/장소의 연속체 혹은 "방들의 사회"("society of rooms," Kahn 1971)를 창조하는 건축은 닫힘과 동시에 도시로 향한 열림에 의해 확립됩니다. 창조된 방/내부/장소의 회합 혹은 건물들의 사회(society of buildings)로 이루어진 도시는 이 연속체의 외곽에 존재합니다. 동시에 더 외곽인 주변 자연의 장소로 열려있습니다. 단순히 주변에 닫힌 정착지가 되는 것이 아닙니다.

도시 내부는 건물 내부가 그런 것처럼 의미심장한 소우주의 의미로 이루어져 있습니다. 이것은 알베르띠(Leon Battista Alberti 1404-1472)가 "집은 하나의 작은 도시와 같습니다."(Alberti, *De re aedificatoria*, 1452 그리고 Alberti 1986, 13면과 100면)라고 했던 점에서 알아차릴 수 있습니다. 또한 재미있는 것은 르코르뷔지에가 "외부는 항상 내부입니다."(Le Corbusier, 1929년 The Faculty of Exact Sciences에서의 강연) 그리고 "모든 것들 속에서의 건축, 모든 것들 속에서의 도시 계획"(Le Corbusier 1991, 67-83면)이라고 하였는데요, 그의 말은 건축이 단순히 건물 내부만을 창조하기 위한 것이 아니라, 도시 내부의 상황 속에서 이루어져야 한다는 것을 강조하고 있습니다. 그래서 건축과 도시 계획은 동일한 시각, 동일한 의미의 체계 속에서 이루어져야 한다는 것을 함축하고 있습니다.

방들과 건물들 그리고 또 다른 거주의 장소들과 요소들을 회합하고 있는 도시는 하나의 복잡한 그러나 기본적으로 건물 내부의 구조와 연결되어 있으며 또한 이 구조와 유사한 체계를 가집니다.

예컨대, 방은 문을 통해 복도와 연결되고 복도는 거실로 모이는 것처럼, 집은 문을 통해 거리와 연결되고 거리는 광장과 공원으로 모입니다. 건물 내부의 방에서 도시 내부의 광장에 이르기까지 도시는 방/내부/장소의 연속체로 이해할 수 있습니다.

칸이 "City/2 Exhibition"(Philadelphia Museums of Art, 1971)에 전시했던 그림들은 방과 거리 그리고 도시에 관한 연속적인 관계를 잘 보여주고 있습니다. 방의 연속적인 관계에 관한 칸의 생각은 연속체의 함의에 대해서 더 많은 반추를 불러일으킬 뿐만 아니라 건축과 도시 계획에서 인간의 거주에 대한 가치를 재고할 수 있게 이끕니다. 이것은 분명 건축과 도시 계획에서 인간의 거주에 대한 유익함과 관련되어 있습니다.

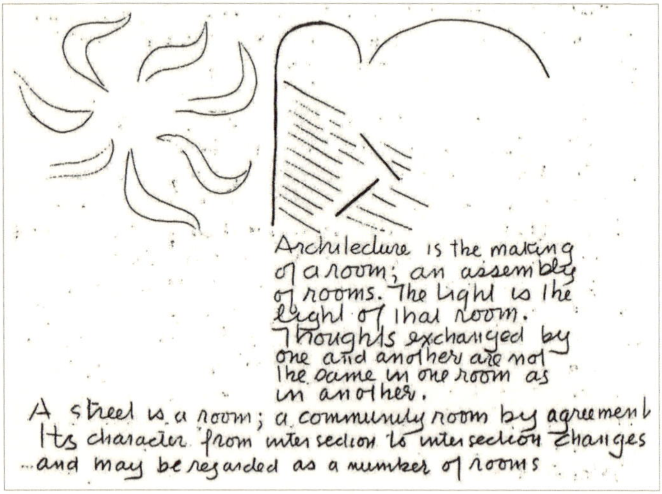

칸의 스케치북에 있는 약 1969년에 칸이 그린 스케치(Brownlee 1991, 127면 참고)

"건축은 방을 만드는 것입니다. 방들의 집합체를 만드는 것이지요. 빛은 그 방을 위한 것입니다. 하나의 빛 그리고 또 다른 빛에 의해 주고받은 상념은 하나의 방 안 그리고 다른 방 안에서처럼 동일하지 않습니다. 거리는 방입니다. 합의에 의한 공동체의 방이지요. 그것의 성격은 교차지점에서 교차지점까지 변하고 어쩌면 수많은 방들이라 볼 수도 있습니다."(Kahn, sketchbook, ca. 1969)

칸이 언급했던 것으로부터, 최소의 거주 장소인 방, 방의 집합체인 건물, 공동체의 방으로 건물들 사이 합의에 의해 만들어진 거리, 이 공동체의 방들이 만나고 모여서 만들어진 광장, 그리고 다양한 성격의 수많은 방들로 구성된 도시 내부의 장소들에 이르기까지 방들의 집합체를 만들어내는 것으로 건축을 확장하여 생각해 볼 수 있습니다. 도시의 방/내부/장소를 만드는 것이 칸이 생각한 건축일 것입니다.

도시는 건축이 만들어낸 하나의 방에서 시작됩니다. 이 방은 최소의 거주 장소이고 거주를 위한 내부입니다. 이것이 건물의 최소 개체가 아니고 도시의 최소 개체라는 것을 알아차릴 때, 거주의 본래 가치가 건축과 도시 계획에 의해 도시의 풍경으로 투사되어 나올 것입니다. 도시는 거주의 장소이고 방이며 내부입니다.

나가기

적층된 역사의 켜들이 아름다운 문양으로 남아있는 유럽의 도시들이 부러울 때가 많았습니다. 소리 없는 속삭임들로 들려오는 도시의 풍경, 그 속을 걸을 때면 옛날이야기 전해 듣는 기분 들뜬 아이처럼 그렇게 신이 났던 적이 한두 번이 아니었습니다. 이런 경험은 저만의 것이 아닐 것입니다.

개인 그리고 광범한 공동체의 역사와 기억이 고스란히 투영되어 나타나고 있는 도시는, 실로 무수한 이야기를 담고 있습니다. 적층된 시간의 결들 속에 보석처럼 빛나는 이야기들은 유럽의 도시들뿐만 아니라 다른 대륙의 도시들 속에서도 적잖게 형태화되어 있을 것입니다.

짧은 이야기의 그러나 강렬한 시와 같은 것에서부터 유장한 역사의 서사와 같은 것에 이르기까지 시각화된 형태는 도시를 기억의 풍경으로 아름답게 채색합니다. 형태가 의미를 인도하는 것이겠지요. 그래서 우리는 물질이 형태화된 세계 속에 살고 있는 것이 아니라 우리의 기억, 정신, 역사, 문화, 전통과 같은 비물질이 형태화된 세계 속에 거주하고 있는 것입니다.

우리 영혼의 거소는 분명 우리 몸 내부입니다. 우리 몸의 거소는 집, 건물 내부와 도시/영토 내부이지요. 우리 영혼은 그래서 비물질이 형태화된 물질의 세계인 작은 하나의 방에서 도시 내부의 방에 이르기까지 시간이 지나면 짐을 싸 나서야 하는 숙소처럼 거처할지도 모르겠습니다.

가만히 주의를 기울여보면 감추어진 도시의 속살들이 보이고 만져질 것 같기도 합니다. 그러나 동시에 시각적인 유희를 발생시키는 새롭고 자극적인 외형이 불순한 욕망의 깊이 없는 물질문명만을 가속화시키고 있는 현상 또한 목격하게 됩니다.

정신문화, 인문주의적 가치, 그리고 무엇보다 거주의 가치를 짓누르는 이것은 도시 삶의 세계를 위협하는 듯해 보입니다. 순수하지 않은 욕망의 풍경을 너무나도 빈번히 목격하게 되는 것은 저만 그런 것일까요?

물질문명이 함몰시킨 거주의 가치는 내부 건축(architecture/landscape architecture/urbanism)의 저변에 자리하는 인문주의적 그리고 인류학적 가치를 이미 압도한 것 같습니다.

그러나 순수한 욕망, 즉 거주의 물질적 발현이 우리의 공동체적 삶의 세계, 공공을 위한 도시 내부의 세계, 그리고 사생활을 위한 개인의 세계를 창조해야 하는 것이 맞는 순리이겠지요.

본문 어딘가에서 설명한 거주 장소의 결여로부터 오는 순수한 욕망이 거주 장소의 창조와 획득, 동시에 거주의 가치를 확보해 실현된다면, 불순한 욕망의 덩어리로 변한 도시를 변화시킬 수 있을 것입니다. 이렇게 되기만 한다면, 거주 장소를 창조하기 위한 욕망은 윤리적인 욕망의 실재(거주의 가치가 담긴 장소)가 될 수 있는 가능성(*ergon*/일)을 갖게 될 것입니다. 그래서 도시가 생명의 에너지만을 안으로 흡수하여 밖으로 크기의 성장만을 "생산하는 욕망"과 "욕망하는 기계"가 되는 것에 대항하여, 순수하고 윤리적이고 인격적인 욕망의 실재로 변하리라 생각합니다.

이 글은 공동체, 공공, 그리고 개인의 존재 의식과 함께 오직 도시 속 거주의 바른 가치가 무엇인지를 들여다보기 위해 적혀진 것입니다. 그것을 의식화할 수 있기를 기대하면서요. 목적이지요.

이 글의 배경은 풍요로워 보이는 유럽 도시의 거주 풍경으로부터 도시에 대한 침잠하는 상념에 의해 적혀지게 되었습니다. 무엇보다 이 글을 쓸 수 있었던 결정적인 이유는 도시, 도시 내부, 내부 삶의 세계를 아직 제 자신의 언어로 무어라 형태화할 수 없었을 때, 긴 시간에 걸쳐 설명해주시고, 이해시켜주시며, 인내심과 함께 기다려주시어, 공명할 수 있게 만들어주신 옆방에 계신 분 때문인데요, 이 글이 빛을 볼 수 있었던 것은 저를 아들처럼 대해주셨던 일흔둘의 제 학문의 주군, Gianni Ottolini 교수님 덕분이라 하지 않을 수 없습니다.

보편적으로 알려진 우리 삶의 세계는 4차원의 실재입니다. 때때로 그보다 더 많은 차원에서 거주하고 있는 것 같다고 말씀하시는 오똘리니와 그의 삶이, 좋은 향을 머금고 있는 꽃 같다는 생각을 종종 하게끔 합니다. 아름다운 모습을 가진 꽃이어서가 아니라, 맑고 기분 좋은 향기를 내뿜는 꽃 같아서 아름다워 보이는 것 같습니다. 멀리까지 전해지는 향기 이것이 진정 아름다운 것이겠지요.

꽃은 어떤 것들을 회합시키는 능력이 있는 것 같습니다. 그래서인지 꽃 주변에는 무언가가 참 많습니다. 장소의 속성이 그렇듯 주변의 것들을 더 가까이 모으고 있는 꽃은 제각각 그 모습이 다 다르지만 모두가 아름답습니다. 그러나 가만히 들여다보면 꽃의 시각적인 모습, 그 형태 때문이 아닌 것을 알 수 있습니다. 향기 때문이지요. 모습은 향기를 능가하지 못합니다. 다만 그것은 향기로 이끄는 이정표 같은 것이고 수레 같은 것일 뿐입니다.

투사되어 나타나는 도시의 모습 너머에 우리는 무언가를 기대해야만 합니다. 그 모습이 이끄는 향기를 기대해야 할 것입니다. 그렇지 않으면, 오늘도 무심히 분주하게 지나쳐 버린 보도블록 위에서, 아깝게 놓쳐버린 버스 그 정류장 안에서, 정지신호로 바뀌어버린 횡단보도 앞에서, 코앞에서 닫힌 전철 문 앞에서 아쉬워하는 것보다 더, 아쉬움 가득한 도시의 삶을 경험하게 될 것입니다.

향기는 꽃에 의한 것이고 도시 속 거주의 가치는 사람에 의한 것입니다. 꽃이 향기를 만들어내는 것처럼 사람이 거주의 가치를 만들어내야 하겠지요. 그것이 아름다운 향기처럼 사람을 기분 좋게 만들기를 기대하는 것은 저만의 생각이 아닐 것입니다.

§ 참고문헌

Abercrombie, Stanley, *A Philosophy of Interior Design,* New York: Happer & Row, 1990.

Alberti, Leon Battista, *The Ten Books of Architecture: The 1755 Leoni Edition,* New York: Dover Publications, 1986.

Ardrey, Robert, *The Territorial Imperative: A Personal Inquiry into the Animal Origins of Property and Nations,* London: Collins, 1967.

Arisaka, Yoko, "Spatiality, Temporality, and the Problem of Foundation in Being and Time." *Philosophy Today,* 40:1 (Spring 1996).

Arnheim, Rudolf, *The Dynamics of Architectural Form,* Berkeley, Los Angeles, London: University of California Press, 1977.

Bacon, Edmund N., *Design of Cities,* London: Thames and Hudson, 1967.

Bjerregaard, C. H. A, *The Inner Life and the Tao-Teh-King,* New York: The Theosophical Pub. Co. of New York, 1912.

Boyer, M. Christine, *The City of Collective Memory,* Cambridge, MA: MIT Press, 1994.

Brownlee, David B, David G. De Long and Grant Mudford, *Louis I. Kahn: In the Realm of Architecture,* New York: Rizzoli, 1991.

Carmona, Matthew, Tim Heath, Taner Oc, and Steve Tiesdell, *Public Places-Urban Spaces: The Dimensions of Urban Design,* Oxford: Architectural Press, 2003.

Castells, Manuel, *The Informational City: Information Technology, Economic Restructuring, and the Urban Regional Process,* Cambridge, MA: Blackwell, 1989.

Conley, Verena Andermatt, *Rethinking Technologies,* Minneapolis: The University of Minnesota Press, 1993.

Crang, Mike, *Cultural Geography,* London: Routledge, 1998.

Deleuze, Gilles and Félix Guattari, *L'anti-Œdipe,* Paris: Éditions de Minuit, 1972.

Diodato, Roberto, *Aesthetics of the Virtual,* Albany: State University of New York Press, 2012.

Halbwachs, Maurice, *The Collective Memory,* New York: Harper & Row, 1980.

Harvey, David, *Transforming Cities: Contested Governance and New Spatial Divisions* (Nick Jewson and Susanne MacGregor, eds.), London: Routledge, 1997.

Heidegger, Martin, *Hebel der Hausfreund,* Pfullingen: G. Neske, 1957.

__, *Discourse on Thinking: A Translation of Gelassenheit,* New York: Harper and Row, 1966.

__, *Die Kunst und der Raum,* (*Art and Space,* translation by Charles H. Seibert), Erker Verlag: St. Gallen, 1969.

__, *Poetry, Language, Thought,* (translation and introduction by Albert Hofstadter), New York: Perennial Classics (first published by Harper & Row, 1971), 2001.

Jackson, John Brinckerhoff. *A Sense of Place, a Sense of Time,* New Haven: Yale University Press, 1994.

Kahn, Louis I., "The Room, the Street and Human Agreement." (Text of AIA Gold Medal acceptance speech, Detroit, June 24, 1971), *AIA Journal* 56, no. 3 (September 1971).

Kandinsky, Wassily, *Point and Line to Plane,* New York: Dover Publications, 1979.

King, Ross, *Design Professionals and the Built Environment: An Introduction,* London: Wiley, 2000.

Knox, Paul L. and Steven Pinch, *Urban Social Geography: An Introduction,* Essex: Pearson Education, 2006.

Kohane, Peter, "Louis Kahn and the Art of Drawing a Room." *A + U,* no. 461 (2009).

Kubler, George, *The Shape of Time: Remarks on the History of Things,* (first published in 1962), New Haven and London: Yale University Press, 2008.

Lacan, Jaques, *Le séminaire XI: Les quatre concepts fondamentaux de la Psychanalyse,* Paris: Seuil, 1973.

Le Corbusier, *Precisions on the Present State of Architecture and City Planning: With an American Prologue, a Brazilian Corollary Followed by the Temperature of Paris and the Atmosphere of Moscow,* (translation by Edith Schreiber Aujame), Cambridge, MA: MIT Press, 1991.

Lynch, Kevin, *What Time is This Place?,* Cambridge, MA: MIT Press, 1972.

Morris, William, *Hopes and Fears for Art,* Boston: Roberts Brothers, 1882.

__, *Hopes and Fears for Art & Signs of Change,* Bristol: Thoemmes Press, 1994.

Norberg-Schulz, Christian, *Meaning in Western Architecture,* London and New York: Praeger, 1975.

__, *Genius Loci: Toward a Phenomenology of Architecture,* (first published in Italian, *Genius loci: paesaggio, ambiente, architettura,* 1979), New York: Rizzoli, 1980.

__, *The Concept of Dwelling: On the Way to Figurative Architecture,* Milano: Electa, 1984.

Ottolini, Gianni, "Conformazione e attrezzatura dello spazio aperto." *Quaderni del Dipartimento di Progettagione dell'Architecttura*, n. 4 (March 1987).

__, "Urbanistica della luce," AA.VV., *Milano illuminata*, Milan: Aem, 1993.

__, *Forma e significato in architettura*, (first published in 1996, English edition, *Form and Meaning in Architecture* is not yet published.), Milano: Cortina, 2012.

Pepper, David, *The Roots of Modern Environmentalism*, New Hampshire: Croom Helm, 1984.

Relph, Edward, *Place and Placelessness*, London: Pion, 1976.

Rossi, Aldo, *The Architecture of the City*, (first published in Italian, 1966), Cambridge, MA: MIT Press, 1982.

Rice, Charles, *The Emergence of the Interior: Architecture, Modernity, Domesticity*, London: Routledge, 2007.

Rowe, Colin, and Fred Koetter, *Collage City*, Cambridge, MA and London: MIT Press, 1978.

Sircus, Jan, "Invented Places." *Prospect,* 81 (Sept/Oct, 2001).

Scully, Vincent, *The Earth, the Temple and the Gods: Greek Sacred Architecture,* New Haven: Yale University Press, 1962.

Venturi, Robert, *Complexity and Contradiction in Architecture* (first published in 1966), London: Architectural Press, 1977.

Wolfe, Linnie Marsh (ed.), *John of the Mountains: The Unpublished Journals of John Muir,* (first published in 1938), Wisconsin: University of Wisconsin Press, 1979.

Zevi, Bruno, *Architecture as Space: How to Look at Architecture,* (translation by Milton Gendel, edited by Joseph A. Barry, first published in Italian in 1948), New York: Horizon Press, 1957.

Zukin, Sharon, *Landscapes of Power: From Detroit to Disney World,* California: University of California Press, 1991.

철학적으로 도시 읽기

초판 1쇄 2014년 9월 25일
2쇄 2015년 7월 10일

지은이 김명식
발행인 김기현
발행처 시공문화사
등 록 1993년 3월 12일
주 소 서울시 서대문구 독립문 공원길 13 (현저동 200) 극동프라자 5층
전 화 02) 3147-1212, 2323
전 송 02) 3147-2626

http://www.spacetime.co.kr
spacetime@korea.com

편 집 디자인·현 심현일 / 02) 322-9941
인 쇄 에코 프린팅
제 본 (주)서정바인텍
용 지 (주)대림지업사

*파본은 교환해 드립니다.

ISBN 978-89-5592-305-6

정가 10,000원